高等学校碳中和城市与低碳建筑设计系列教材
高等学校土建类专业课程教材与教学资源专家委员会规划教材

丛书主编 刘加平

低碳工业建筑设计原理

Principle of Low-Carbon Industrial Building Design

王怡 高博 曹智翔 主编

中国建筑工业出版社

图书在版编目（CIP）数据

低碳工业建筑设计原理 = Principle of Low-Carbon Industrial Building Design / 王怡，高博，曹智翔主编 . -- 北京：中国建筑工业出版社，2024. 11.
（高等学校碳中和城市与低碳建筑设计系列教材）（高等学校土建类专业课程教材与教学资源专家委员会规划教材 / 刘加平主编）. -- ISBN 978-7-112-30560-5

Ⅰ . TU27

中国国家版本馆 CIP 数据核字第 20245BG356 号

为了更好地支持相应课程的教学，我们向采用本书作为教材的教师提供课件，有需要者可与出版社联系。
建工书院：https://edu.cabplink.com
邮箱：jckj@cabp.com.cn　电话：（010）58337285

策　　划：陈　桦　柏铭泽
责任编辑：李　慧　王　惠　陈　桦
文字编辑：高　彦
责任校对：赵　力

高等学校碳中和城市与低碳建筑设计系列教材
高等学校土建类专业课程教材与教学资源专家委员会规划教材
丛书主编　刘加平

低碳工业建筑设计原理
Principle of Low-Carbon Industrial Building Design
王怡　高博　曹智翔　主编

*

中国建筑工业出版社出版、发行（北京海淀三里河路9号）
各地新华书店、建筑书店经销
北京海视强森图文设计有限公司制版
北京中科印刷有限公司印刷

*

开本：787毫米×1092毫米　1/16　印张：12　字数：234千字
2024 年 12 月第一版　2024 年 12 月第一次印刷
定价：59.00元（赠教师课件）
ISBN 978-7-112-30560-5
（43906）

《高等学校碳中和城市与低碳建筑设计系列教材》
编审委员会

《高等学校碳中和城市与低碳建筑设计系列教材》

总序

党的二十大报告中指出要“积极稳妥推进碳达峰碳中和，推进工业、建筑、交通等领域清洁低碳转型”，同时要“实施城市更新行动，加强城市基础设施建设，打造宜居、韧性、智慧城市”，并且要“统筹乡村基础设施和公共服务布局，建设宜居宜业和美乡村”。中国建筑节能协会的统计数据表明，我国2020年建材生产与施工过程碳排放量已占全国总排放量的29%，建筑运行碳排放量占22%。提高城镇建筑宜居品质、提升乡村人居环境质量，还将会提高能源等资源消耗，直接和间接增加碳排放。在这一背景下，碳中和城市与低碳建筑设计作为实现碳中和的重要路径，成为摆在我们面前的重要课题，具有重要的现实意义和深远的战略价值。

建筑学（类）学科基础与应用研究是培养城乡建设专业人才的关键环节。建筑学的演进，无论是对建筑设计专业的要求，还是建筑学学科内容的更新与提高，主要受以下三个因素的影响：建筑设计外部约束条件的变化、建筑自身品质的提升、国家和社会的期望。近年来，随着绿色建筑、低能耗建筑等理念的兴起，建筑学（类）学科教育在课程体系、教学内容、实践环节等方面进行了深刻的变革，但仍存在较大的优化和提升空间，以顺应新时代发展要求。

为响应国家“3060”双碳目标，面向城乡建设“碳中和”新兴产业领域的人才培养需求，教育部进一步推进战略性新兴领域高等教育教材体系建设工作。旨在系统建设涵盖碳中和基础理论、低碳城市规划、低碳建筑设计、低碳专项技术四大模块的核心教材，优化升级建筑学专业课程，建立健全校内外实践项目体系，并组建一支高水平师资队伍，以实现建筑学（类）学科人才培养体系的全面优化和升级。

“高等学校碳中和城市与低碳建筑设计系列教材”正是在这一建设背景下完成的，共包括18本教材，其中，《低碳国土空间规划概论》《低碳城市规划原理》《建筑碳中和概论》《低碳工业建筑设计原理》《低碳公共建筑设计原理》这5本教材属于碳中和基础理论模块；《低碳城乡规划设计》《低碳城市规划工程技术》《低碳增汇景观规划设计》这3本教材属于低碳城市规划模块；《低碳教育建筑设计》《低碳办公建筑设计》《低碳文体建筑设计》《低碳交通建筑设计》《低碳居住建筑设计》《低碳智慧建筑设计》这6本教材属于低碳建筑设计模块；《装配式建筑设计概论》《低碳建筑材料与构造》《低碳建筑设备工程》《低碳建筑性能模拟》这4本教材属于低碳专项技术模块。

本系列丛书作为碳中和在城市规划和建筑设计领域的重要研究成果，涵盖了从基础理论到具体应用的各个方面，以期为建筑学（类）学科师生提供全面的知识体系和实践指导，推动绿色低碳城市和建筑的可持续发展，培养高水平专业人才。希望本系列教材能够为广大建筑学子带来启示和帮助，共同推进实现碳中和城市与低碳建筑的美好未来！

刘加平

丛书主编、西安建筑科技大学建筑学院教授、中国工程院院士

前言

在全球气候变化和能源危机的双重挑战下，我国提出了碳达峰和碳中和的宏伟目标，这是对全球可持续发展的重要贡献，也是推动我国经济高质量发展的重要战略。建筑行业作为能源消耗和温室气体排放的重要领域，其转型升级对于实现可持续发展具有重要意义。其中，工业建筑作为建筑行业中的重要组成部分，其设计、建造和运营过程中的碳排放、能源效率和生产环境影响，对我国减污降碳协同发展尤为关键。

《低碳工业建筑设计原理》一书全面系统地阐述了低碳工业建筑设计的理论、技术和实践案例，展示了低碳工业建筑设计的最新进展和未来趋势，力求深入浅出，结合丰富的图表、实例和案例分析，使读者能够全面了解低碳工业建筑设计的理论与实践。截至 2024 年底，已建成配套核心课程 5 节并上传至虚拟教研室，建成配套建设项目 10 项，教材配套课件 1 个，很好地完成了纸数融合的课程体系建设。

本书首先对工业建筑的定义、特点、分类和设计要求进行了系统的介绍，使读者建立工业建筑的基本知识框架，理解工业建筑与民用建筑的差异。接着，分析了工业建筑碳排放的构成和计算方法，以及低碳建筑相关概念。随后，探讨了工业建筑选址、场地设计、建筑布局和交通组织等工业建筑规划布局方面的低碳策略。在建筑设计部分，不但详细介绍了建筑低能耗设计、专项设计等建筑被动设计内容，同时还涵盖了低碳供暖空调、低碳通风除尘、可再生能源及工业余热利用及储能系统等建筑主动设计内容，展示了低碳工业建筑设备技术的最新进展和应用前景。最后，在案例解析部分，通过国内外多个不同地域、不同规模和不同功能的工业建筑优秀案例的分析，展示了低碳工业建筑设计的成功实践和创新思路，为读者提供借鉴和启示。

本书由西安建筑科技大学绿色建筑全国重点实验室的王怡教授、高博教授和曹智翔教授主稿，书中汇集了众多相关领域专家和学者的研究成果，多名研究生为本书做了大量的文字处理及图表绘制工作，多位专家学者为本书提供了宝贵的意见和建议，向所有分享成果、提出建议的专家学者，以及参与本书编写和审校工作的人员表示衷心的感谢。

本书旨在为建筑学、建筑环境与能源应用工程等相关专业的本科生、研究生、教师以及工业建筑设计领域的工程师和研究人员提供学习和参考资料。希望本书的出版，有助于加强社会对工业建筑的关注度，进一步提高学界对工业建筑低碳发展的重视，提升工程设计的技术水平，为降低工业建筑碳排放、提升工业建筑能源效率、改善工人作业环境，尽微薄之力。同时，我们也期待读者的反馈和建议，以便我们不断改进和完善本书的内容。

目录

第 5 章

第 6 章

第1章 工业建筑概述

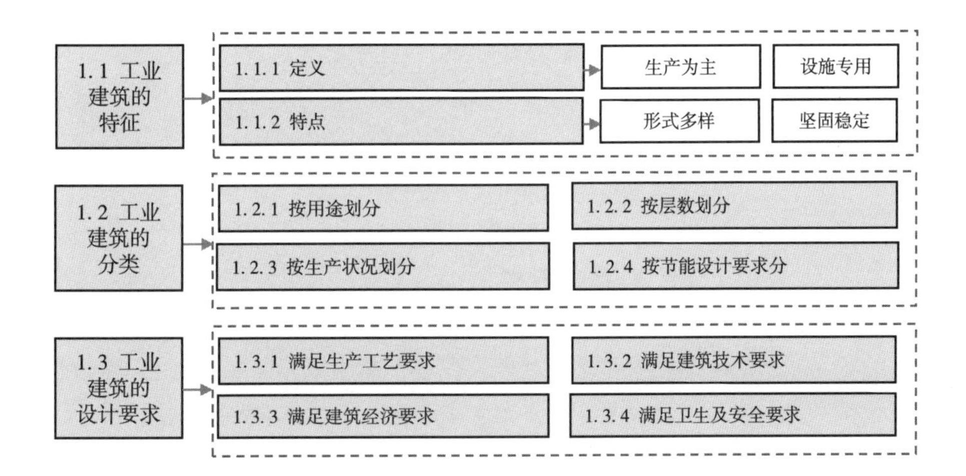
1.1 工业建筑的特征
1.1.1 定义
生产为主
设施专用
1.1.2 特点
形式多样
坚固稳定
1.2 工业建筑的分类
1.2.1 按用途划分
1.2.2 按层数划分
1.2.3 按生产状况划分
1.2.4 按节能设计要求分
1.3 工业建筑的设计要求
1.3.1 满足生产工艺要求
1.3.2 满足建筑技术要求
1.3.3 满足建筑经济要求
1.3.4 满足卫生及安全要求

1.1.1 定义

工业建筑是为满足工业生产需要而建造的各种不同用途的建筑物和构筑物的总称，包括进行各种工业生产活动的生产厂房及生产辅助用房等。由于工业建筑是产品生产和工人操作的场所，所以生产工艺将直接影响建筑平面布局、建筑结构、建筑构造、施工工艺等，这与民用建筑有很大的差别。

1.1.2 特点

1. 结构形式

每一种工业产品的生产都有一定的生产程序，即生产工艺流程。为了保证生产的顺利进行，保证产品质量和提高劳动生产率，厂房设计必须满足生产工艺要求。不同生产工艺的厂房有不同的特征。

2. 内部空间

厂房中的生产设备多，体积大，各部分生产联系密切，并有多种起重运输设备通行，致使厂房内部具有较大的开敞空间，工业厂房对结构要求较高。例如，有桥式吊车的厂房室内净高一般在 8m 以上；厂房长度一般有数十米，有些大型轧钢厂，其长度可达数百米甚至超过千米。

3. 屋顶形式

当厂房宽度较大时，特别是多跨厂房，为满足室内采光、通风的需要，屋顶上往往设有天窗。为了屋面防水、排水的需要，还应设置屋面排水系统（天沟及落水管），这些设施均使屋顶构造复杂。

4. 荷载

工业厂房由于跨度大，屋顶自重大，并且一般设置一台或数台起重量为数十吨的吊车，同时要承受较大的振动荷载，因此多数工业厂房采用钢筋混凝土骨架承重。对于特别高大的厂房，或有重型吊车的厂房，或高温厂房，或地震烈度较高地区的厂房，需要采用钢骨架承重。

5. 特殊生产需求

对于一些有特殊要求的厂房，为保证产品质量和产量、保护工人身体健康及生产安全，厂房在设计时常采取一些技术措施满足这些特殊需求。如热加工厂房会产生大量余热及有害烟尘，需要加强厂房内部的通风。

1.2.1 按用途划分

1. 主要生产厂房

主要生产厂房是指用于完成从原料到成品的加工、装配等整个生产过程的厂房，如机械制造的铸造车间、热处理车间、机械加工车间和机械装配车间等。

2. 辅助生产车间

辅助生产车间是指为主要生产车间服务的各类厂房，如机械制造厂的机械修理车间、电机修理车间、工具车间等。

3. 动力厂房

动力厂房是指为全厂提供能源的各类厂房，如发电站、变电所、锅炉房、煤气站、乙炔站、氧气站和压缩空气站等。

4. 储藏用建筑

储藏用建筑是指储存各种原料、半成品、成品的仓库，如机械厂的金属材料库、油料库、辅助材料库、半成品库及成品库。

5. 运输用建筑

运输用建筑是指用于停放、检修各种交通运输工具的房屋，如机车库、汽车库、起重车库、电瓶车库、消防车库和站场用房等。

6. 其他建筑

其他建筑是指不属于上述类型用途的建筑，如水泵房、污水处理建筑等。

1.2.2 按层数划分

1. 单层厂房

单层厂房是指层数仅为一层的工业厂房，适用于生产工艺流程以水平运输为主的工业，如机械制造工业、冶金工业和其他重工业等。这些工业厂房一般为有大型起重运输设备及较大动荷载的厂房，如图 1-1 所示。

2. 多层厂房

多层厂房是指层数在两层以上，一般为 2~5 层的工业厂房。多层厂房对

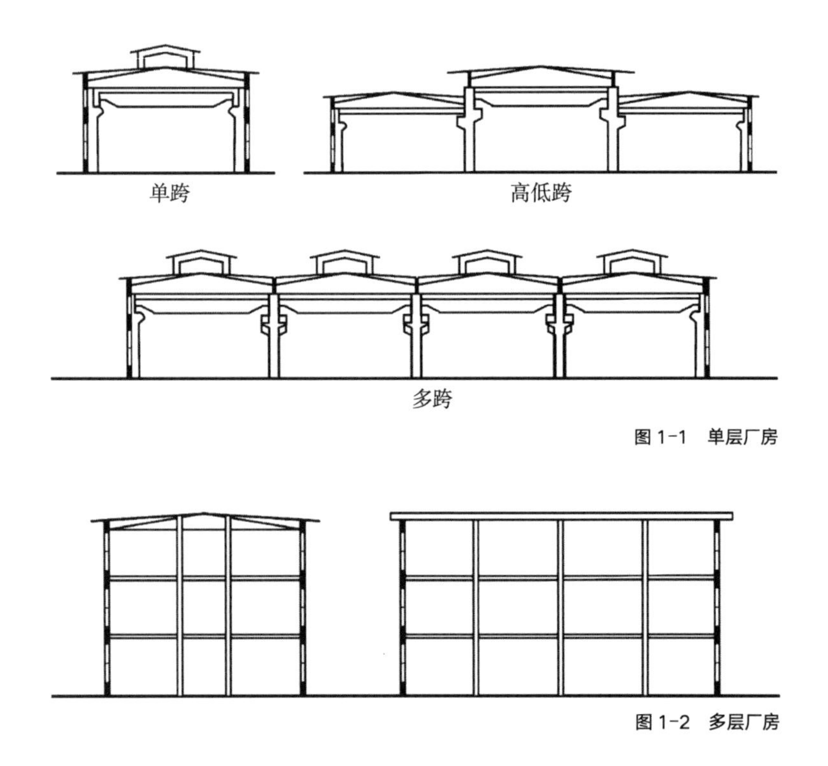

图 1-1　单层厂房

图 1-2　多层厂房

于垂直方向组织生产及工艺流程的生产企业（如面粉厂）和设备及产品较轻的企业具有较大的适用性，多用于精密仪器、电子、轻工、食品、服装加工工业等，如图 1-2 所示。

3. 混合层数厂房

混合层数厂房是指同一厂房内既有单层又有多层的厂房，多用于化学工业、热电站等，如图 1-3 所示。

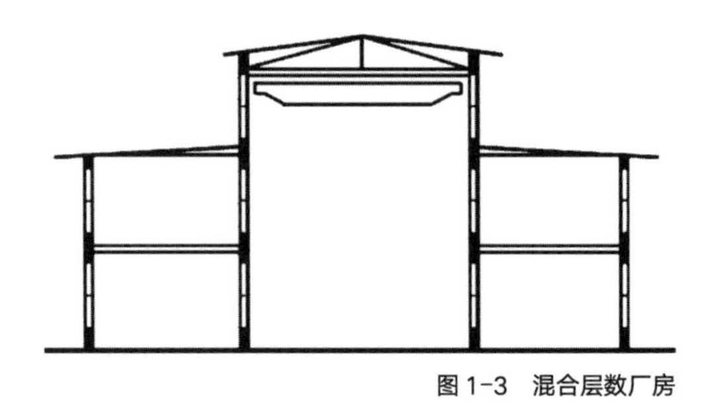

图 1-3　混合层数厂房

1.2.3　按生产状况划分

1. 热加工车间

热加工车间是指在高温状态下进行生产，生产过程中散发出大量热量、烟尘等有害物的车间，如铸造、炼钢、轧钢、锻压等车间。

2. 冷加工车间

冷加工车间是指在正常温度、湿度条件下进行生产的车间，如机械加工、机械装配、工具、机修等车间。

3. 恒温、恒湿车间

恒温、恒湿车间是指在温度、湿度相对恒定条件下进行生产的车间。这类车间除室内装有空调设备外，厂房也要采取相应的措施，以减少室外气候条件对室内温度、湿度的影响，如纺织车间、精密仪器车间、酿造车间等。

4. 侵蚀性介质作用的车间

侵蚀性介质作用的车间是指在含有酸、碱、盐等具有侵蚀性介质的生产环境中进行生产的车间，如化工厂、化肥厂的某些车间，以及金属工厂中的酸洗车间等。

5. 洁净车间

洁净车间是指产品的生产对室内环境的洁净程度要求很高的车间，如集成电路车间、医药工业中的粉针车间、精密仪表的微型零件加工车间等。

6. 联合厂房

联合厂房是指在同一建筑里既有行政办公、科研开发，又有工业生产、产品储存的综合性建筑。

1.2.4 按节能设计要求分

根据环境控制及能耗方式，《工业建筑节能设计统一标准》GB 51245—2017 将工业建筑节能设计分为了一类工业建筑和二类工业建筑，如表 1-1 所示。

工业建筑节能设计分类　　表 1-1

类别	环境控制及能耗方式	建筑节能设计原则
一类工业建筑	供暖、空调	通过围护结构保温和供暖系统节能设计，降低冬季供暖能耗；通过围护结构隔热和空调系统节能设计，降低夏季空调能耗
二类工业建筑	通风	通过自然通风设计和机械通风系统节能设计，降低通风能耗

工业建筑涉及行业较多，各行业又明显存在不同的特征，在进行节能设计时，将工业建筑分为两类，其类别有可能是指一栋单体建筑或一栋单体建筑的某个部位。代表性行业里面表示该行业大部分情况属于这类建筑，并不排除该行业个别情况属于另外一类建筑类型。比如，金属冶炼行业大多数情况是属于有强热源或强污染源的情况，但并不排除该行业个别建筑或部位是以供暖或空调为主要的环境控制方式。

对于一类工业建筑，冬季以供暖能耗为主，夏季以空调能耗为主，通常无强污染源及强热源。代表性行业有计算机、通信和其他电子设备制造业，食品制造业，烟草制品业，仪器仪表制造业，医药制造业，纺织业等。凡是有供暖空调系统能耗的工业建筑，均执行一类工业建筑相关要求。对于二类工业建筑，以通风能耗为主，通常有强污染源或强热源。代表性行业有金属冶炼和压延加工业，石油加工、炼焦和核燃料加工业，化学原料和化学制品制造业，机械制造等。强污染源是指生产过程中散发较多的有害气体、固体或液体颗粒物的源项，要采用专门的通风系统对其进行捕集或稀释控制才能达到环境卫生的要求。强热源是指在工业加工过程中，具有生产工艺散发的个体散热源，一般生产工艺散发的余热强度在 20~50W/m^3，如热轧厂房。此外，在烧结、锻铸、熔炼等热加工车间，往往具有固定的炉窑、冷却体等高温散热体，从而形成高余热散发，此时热强度可超过 50W/m^3。不同类型工业建筑节能设计和建筑能耗计算所要考虑的因素见表 1-2。

不同类型工业建筑节能设计和建筑能耗计算所要考虑的因素 表 1-2

工业建筑节能设计类型	总图与建筑	围护结构	供暖	空气调节	自然通风	机械通风	除尘净化	冷热源	采光照明	电力	能量回收	可再生能源	监测与控制
一类工业建筑	★	★	★	★	☆	☆	☆	☆	☆	☆	☆	☆	★
二类工业建筑	★	★	☆	—	★	★	★	☆	☆	☆	★	☆	★

注：★表示重点考虑，☆表示考虑，—表示忽略。

1.3.1 满足生产工艺要求

生产工艺是工业建筑设计的主要依据。建筑设计在建筑面积、平面形状、柱距、跨度、剖面形式、厂房高度、结构方案和构造措施等方面，必须满足生产工艺的要求。

1.3.2 满足建筑技术要求

（1）由于厂房的永久荷载和可变荷载比较大，建筑设计应为结构设计的经济合理性创造条件，使结构设计更利于满足安全性、适用性和耐久性的要求。

（2）由于科技发展日新月异，生产工艺不断更新，生产规模逐渐扩大，因此建筑设计应使厂房具有较大的通用性和改建、扩建的可能性。

（3）为提高厂房工业化水平，应遵守《厂房建筑模数协调标准》GB/T 50006—2010 及《建筑模数协调标准》GB/T 50002—2013 的规定。

1.3.3 满足建筑经济要求

（1）在不影响卫生、防火及室内环境要求的条件下，尽量采用联合厂房，可使厂房占地较少，外墙面积相应减小，缩短了管网线路，使用灵活，能满足工艺更新的要求。

（2）应根据工艺要求、技术条件等，合理确定建筑的层数（单层或多层厂房）。

（3）在满足生产要求的前提下，设法缩小建筑体积，充分利用建筑空间，合理减少结构面积，提高使用面积。

（4）在不影响厂房的坚固、耐久、生产操作、使用要求和施工速度的前提下，应尽量降低材料的消耗，从而减轻构件的自重和降低建筑造价。

（5）优先采用先进的、配套的结构体系及工业化施工方法。

1.3.4 满足卫生及安全要求

1. 高低温作业

通过供暖、空调和通风，保持合适的室内温度、湿度。

2. 辐射

通过合理的措施，避免生产线和工频、高频电气设备以及放射源、核能料位计等产生电磁、电场、激光、微波、紫外等辐射。

3. 噪声和振动

通过减振、屏蔽、末端防护等方法，避免机械撞击、摩擦、转动，以及气体压力和体积突变、流体流动、变压器等设备产生的噪声。

4. 化学性有害因素

通过通风除尘及净化装置，消除生产过程中产生的各种粉尘、有害气体和毒雾。

第2章 工业建筑碳排放特征

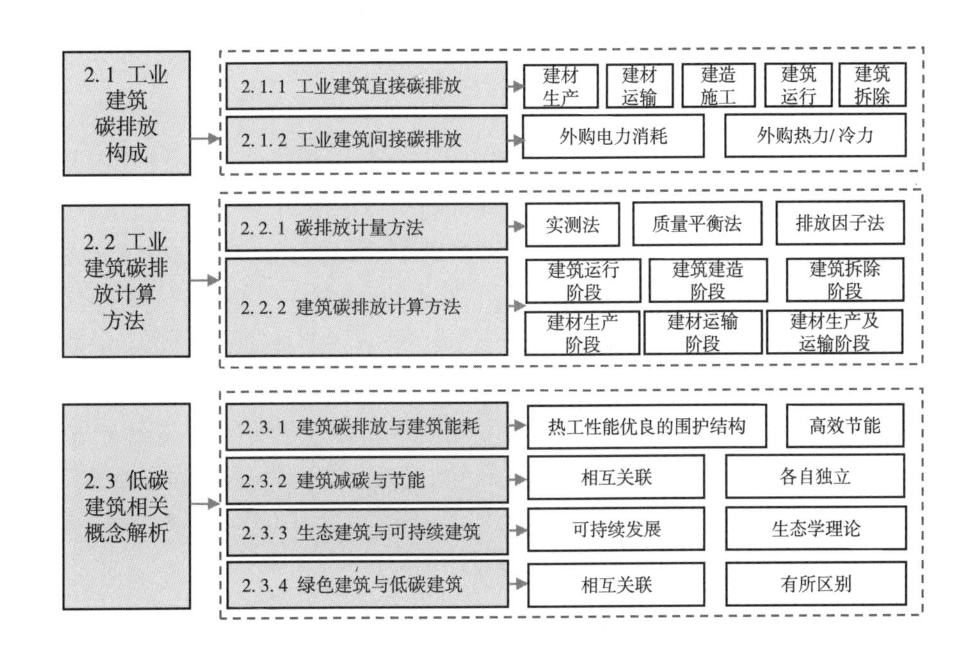

2.1.1 工业建筑直接碳排放

工业建筑的直接碳排放是指在工业建筑的整个生命周期中，直接与建筑相关的活动所产生的温室气体排放，主要来自建筑内部直接使用天然气、燃油、燃煤等化石燃料所产生的碳排放，主要包含以下几方面内容：

1. 建材生产

建材生产过程中的碳排放主要来自于原材料的获取、加工和制造。例如，水泥生产过程中的石灰石煅烧会产生大量的二氧化碳。此外，钢铁、铝材和玻璃等材料的生产也是高能耗过程，会释放大量的温室气体。

2. 建材输运

建材从生产地到建筑工地的运输过程中，交通工具（如卡车、火车、船只）的燃烧会排放二氧化碳和其他温室气体。运输距离越长，排放量越大。此外，建材的包装和装卸过程也可能产生一定的碳排放。

3. 建造施工

建筑建造施工阶段的碳排放主要来自于现场使用的机械设备（如挖掘机、起重机、混凝土搅拌车）的燃料消耗。此外，施工过程中的临时电力供应、现场的取暖和照明等也会增加碳排放。

4. 建筑运行

建筑运行阶段的直接碳排放主要包括利用煤炭、燃油及燃气等化石燃料驱动加热或冷却系统，维持特定的生产环境时的碳排放，如燃煤燃气锅炉、直燃式吸收式热泵、燃气红外供暖器等。

5. 建筑拆除

建筑拆除阶段和拆除后的材料处理过程也会产生碳排放。拆除过程中使用的机械设备会消耗能源并排放温室气体。此外，建筑废弃物的处理和运输，如填埋或焚烧，也会产生碳排放。

2.1.2 工业建筑间接碳排放

1. 外购电力消耗

外购电力消耗间接碳排放指的是从外界输入到建筑内的电力，其在生产过程中所产生的碳排放。计算方法是采用各国发电总碳排放量除以总发电量，折算得到各国的平均度电碳排放因子，再根据工业建筑所使用的外部电力总量乘以每个国家各自的平均度电碳排放因子，就可得到这部分电力使用所产生碳排放，建筑自发自用的光伏发电量不纳入统计。工业建筑可能需要大量的电力驱动的加热冷却系统、通风除尘净化系统以及用电设备以满足特定的生产环境和排放要求，导致电力消耗碳排放成为工业建筑间接碳排放的重要环节。

2. 外购热力 / 冷力

外购热力的间接碳排放指的是从外界输入到建筑内的热力，主要为集中供暖系统采用热电联产或集中燃煤燃气锅炉提供的热量。其中热电联产电厂的碳排放按照其产出电力和热力的㶲来分摊。外购冷力通常指的是建筑物从外部供应商购买的制冷服务，而不是在建筑物内部安装制冷设备。这种服务可能由区域供冷系统或集中制冷站提供。外购冷力的间接碳排放主要来源于为提供这些制冷服务所消耗的能源。

2.2.1 碳排放计量方法

自 1997 年《京都议定书》获得国际社会广泛认可并正式通过以来，全球各国纷纷采取了一系列旨在减少温室气体排放的措施，以积极应对工业化活动所引致的全球气候变化问题。在此过程中，不同国家、地区以及企业等多样化的控制排放主体，均需依赖精确且科学的数据分析，以确立具体的减碳目标，并准确评估其减排措施的成效。

碳核算方法主要分为两大类：基于直接测量的方法和基于计算的方法。具体而言，现有的温室气体排放量核算框架内，三种主要的核算方法被广泛应用，分别是基于计算的排放因子法和质量平衡法，以及基于测量的实测法。根据国家发展和改革委员会公布的 24 个行业指南，目前主要采纳的温室气体量化方法为排放因子法和质量平衡法。然而，随着碳排放核算实践的不断深入，对更高精度要求的需求日益增长。2020 年 12 月，生态环境部发布的《全国碳排放权交易管理办法（试行）》中，特别强调了重点排放单位在核算过程中应优先考虑开展化石燃料的低位热值和含碳量的实地测量工作。这一指导性建议旨在提高碳排放数据的准确性，为我国碳排放计量提供坚实的数据支撑。

1. 实测法

实测法是碳排放核算中的一种直接测量方法，它通过在排放源处直接测量排放的温室气体浓度和流量来确定排放量。这种方法可以提供较为精确的排放数据，因为它直接关联到排放源的物理测量，而不是依赖于估算或计算。

实测法主要包括两种方式：现场测量和非现场测量。

现场测量：通常使用烟气排放连续监测系统（CEMS）搭载碳排放监测模块，对排放源进行连续的浓度和流速监测，从而直接测量排放量。这种方法可以实时提供准确的排放数据，适用于固定排放源，如发电厂的烟囱。

非现场测量：采集排放源的样品，然后将其送至实验室或监测部门，利用专业的检测设备和技术进行定量分析。这种方法可能涉及采样时的气体吸附、解离等问题，因此其准确性可能略低于现场测量。

实测法的准确性较高，特别是现场测量，因为能够避免非现场测量中可能出现的样品处理问题。此外，实测法能够反映出碳排放发生地的实际排放量，有助于区分不同设施或设备之间的排放差异。这对于制定针对性的减排措施和优化能源使用具有重要意义。然而，实测法的实施可能需要较高的技术和资金投入，特别是在安装和维护监测设备方面。此外，对于大量分散的小规模排放源，实测法不太可行，这时候可能需要依赖排放因子法或质量平衡法等其他核算方法。

实测法在国际上已经被广泛接受并应用，如美国国家环境保护局（EPA）在2009年《温室气体排放报告强制条例》中规定，所有年排放超过2.5万吨二氧化碳当量的排放源必须安装CEMS并在线上报数据。我国也在积极推动实测法的应用，例如国内首个电力行业碳排放精准计量系统已经于2021年在江苏上线。

2. 质量平衡法

质量平衡法是通过质量守恒定律，根据企业的工艺流程中各种物料消耗或者产出的量展开分析的一种碳排放计算方法。在企业的生产系统中，进入系统各类物料的总量之和等于排出的物料的总量之和，即通过对企业的生产系统中投入量和系统产出量进行分析，实现计算企业温室气体排放量的一种方法。在使用物料衡算法的过程中，最主要的因素是需要充分调研企业的生产工艺流程，对企业的生产过程熟悉，对参与生产的每个环节充分了解，掌握参与生产的每一种物料的投入量和消耗量。物料衡算法可以用于企业的整个生产系统，也可以在某一生产环节使用。对企业生产过程的各个环节投入物料（原料、添加剂）与产出物料（产品、副产品）量化后，选择一个合理的物质守恒的生产过程，根据物质守恒得到碳平衡计算公式：

二氧化碳（CO_2）排放 =（原料投入量 × 原料含碳量 − 产品产出量 × 产品含碳量 − 废物输出量 × 废物含碳量）× 44/12

其中44/12是碳转换成CO_2的转换系数（即CO_2/C的相对原子质量）。在企业生产过程中，进入系统的物料无论是否发生了化学反应，其各个原料的投入和其对应产物的质量都是守恒的，因此，采用基于具体设施和工艺流程的碳质量平衡法计算排放量，可以反映碳排放发生地的实际排放量。不仅能够区分各类设施之间的差异，还可以分辨整体和部分设备之间的区别。尤其在生产设备不断更新的情况下，该种方法更为简便。一般来说，对企业碳排放的主要核算方法为排放因子法，但在工业生产过程（如脱硫过程排放、化工生产企业过程排放等非化石燃料燃烧过程）中可视情况选择质量平衡法。

需要注意的是，质量平衡法需要针对不同类型的企业建立具体计算公式，而且使用质量平衡法所涉及的参数较多，核算人员需要掌握企业所在行业中的工艺流程，对企业的生产环节有充足的调研。除此之外，核算人员还需精确地掌握企业原料燃料的用度报表、产品产量报表等数据。以上在企业实际统计过程中，常受到各种条件限定。

3. 排放因子法

排放因子法也被称为排放系数法，是一种广泛应用于温室气体排放核算的方法，由于其简洁而高效的计算模型，普及程度及适用范围非常广。根据联合国政府间气候变化专门委员会（IPCC）提出的核算框架，该方法依据的基本方程如下：

温室气体排放 E= 活动数据（AD）× 排放因子（EF）

其中，AD 代表促成温室气体排放的生产或消费活动的活动量，涵盖了化石燃料的消耗量、石灰石原料的消耗量、净购入电量以及净购入蒸汽量等关键参数。EF 则是指与活动水平数据相对应的系数，该系数综合了单位热值含碳量、元素碳含量、氧化率等因素，从而量化了单位生产或消费活动量的温室气体排放水平。EF 值的确定既可采纳 IPCC、美国国家环境保护局（EPA）、欧洲环境机构等权威机构提供的预设数据，亦可依据具有代表性的实地测量数据进行推导。在中国，基于国家具体情况，已设定了相应的国家参数，如《工业其他行业企业温室气体排放核算方法与报告指南（试行）》附录二中，便列明了常见化石燃料特性参数的缺省值。

尽管排放因子法适用于国家、省份、城市等宏观层面的碳排放核算，能够为特定区域的碳排放情况提供宏观的把控，但在实际操作过程中，由于地区间能源品质的不一致性、燃烧效率的差异性，以及能源消费统计和碳排放因子测量之间的固有偏差，均可能导致碳排放核算结果的误差。因此，如何精确地测定和应用排放因子，是提高碳排放核算准确性的关键所在。

2.2.2 建筑碳排放计算方法

我国建筑碳排放的计算主要参考《建筑碳排放计算标准》GB/T 51366—2019。该标准基于排放因子法，涵盖了建筑全生命周期的碳排放计算方法，分别包括运行阶段碳排放计算，建造及拆除阶段碳排放计算，以及建材生产与运输阶段碳排放计算，相关数据的取值可参考《建筑碳排放计算标准》GB/T 51366—2019 附录 A~E。

1. 建筑运行阶段碳排放计算

建筑运行阶段单位建设面积的总碳排放量按下式计算：

$$C_M=\frac{[\sum_{i=1}^{n}(E_iEF_i)-C_p]y}{A} \quad (2-1)$$

$$E_i=\sum_{j=1}^{n}(E_{i,j}-ER_{i,j}) \quad (2-2)$$

式中：C_M——建筑运行阶段单位建筑面积碳排放量，$kgCO_2/m^2$；

E_i——建筑第 i 类能源年净消耗量，单位 /a；

EF_i——第 i 类能源的二氧化碳排放因子，按国家最新规定取值；

C_p——建筑绿地碳汇系统年减碳量，$kgCO_2/a$；

$E_{i,j}$——建筑 j 类系统的第 i 类能源年消耗量，单位 /a；

$ER_{i,j}$——建筑 j 类系统消耗的由可再生能源系统提供的第 i 类能源量，单位 /a；

i——建筑消耗的终端能源类型，包括电力、燃气、石油、市政热力等；

j——建筑用能系统类型，包括暖通空调系统、给水排水系统、通风除尘系统、电气及智能化系统等；

y——建筑设计寿命，a；

A——建筑面积，m^2。

2. 建筑建造阶段碳排放计算

建筑建造阶段的碳排放量按下式计算：

$$C_{JZ}=\frac{\sum_{i=1}^{n} E_{jz,i}EF_i}{A} \tag{2-3}$$

式中：C_{JZ}——建筑建造阶段单位建筑面积的碳排放量，$kgCO_2/m^2$；

$E_{jz,i}$——建筑建造阶段第 i 种能源总用量，kWh 或 kg；

EF_i——第 i 类能源的碳排放因子，$kgCO_2/kWh$ 或 $kgCO_2/kg$，按国家最新规定取值；

A——建筑面积，m^2。

3. 建筑拆除阶段碳排放计算

建筑拆除阶段的单位建筑面积的碳排放量按下式计算：

$$C_{CC}=\frac{\sum_{i=1}^{n} E_{cc,i}EF_i}{A} \tag{2-4}$$

式中：C_{CC}——建筑拆除阶段单位建筑面积的碳排放量，$kgCO_2/m^2$；

$E_{cc,i}$——建筑拆除阶段第 i 种能源总用量，kWh 或 kg；

EF_i——第 i 类能源的碳排放因子，$kgCO_2/kWh$ 或 $kgCO_2/kg$，按国家最新规定取值；

A——建筑面积，m^2。

4. 建材生产阶段碳排放计算

建材生产阶段的碳排放应按下式计算：

$$C_{sc}=\sum_{i=1}^{n} M_i F_i \tag{2-5}$$

式中：C_{sc}——建材生产阶段碳排放，kg CO_2e；

M_i——第 i 种主要建材的消耗量；

F_i——第 i 种主要建材的碳排放因子，kg CO_2e/ 单位建材数量，按国家最新规定取值。

5. 建材运输阶段碳排放计算

建材运输阶段碳排放应按下式计算：

$$C_{ys}=\sum_{i=1}^{n} M_i D_i T_i \tag{2-6}$$

式中：C_{ys}——建材运输过程碳排放，kg CO_2e；

M_i——第 i 种主要建材的消耗量，t；

D_i——第 i 种建材平均运输距离，km；

T_i——第 i 种建材的运输方式下，单位重量运输距离的碳排放因子，kg CO_2e/（t · km）。

6. 建材生产及运输阶段的碳排放计算

建材生产及运输阶段的碳排放应为建材生产阶段碳排放与建材运输阶段碳排放之和，并应按下式计算：

$$C_{JC}=\frac{C_{sc}+C_{ys}}{A} \tag{2-7}$$

式中：C_{JC}——建材生产及运输阶段单位建筑面积的碳排放，kgCO_2e/m^2；

C_{sc}——建材生产阶段碳排放，kg CO_2e；

C_{ys}——建材运输阶段碳排放，kg CO_2e；

A——建筑面积，m^2。

2.3.1 建筑碳排放与建筑能耗

早期的建筑节能强调减少能源使用（Energy Saving），强调的是绝对数量；随着时代的发展，人们认识到：需要平衡舒适性与减少能源消耗之间的关系，因此，“建筑节能”开始强调提高能源的使用效率（Energy Efficiency），这是人类观念的重大转变，体现了对生活质量的重视。大部分学者都认可：低碳建筑与节能建筑是一致的，在一般情况下，在建筑节能方面表现出色的建筑就应该是低碳建筑。在工程实践中，往往引入“建筑节能”来评估低碳建筑、来推动低碳建筑，其主要原因如下：

第一，从建筑全生命周期角度出发计算建筑物的碳排放量，可以得到精确的结果，但计算过程非常繁复、界面界定困难，而且涉及诸多行业、诸多数据，在实践中难以推广。因此，绝大部分情况下，仅计算建筑物运行维护阶段的碳排放量，因为这一阶段在建筑全生命周期碳排放量中占据的份额最大。

第二，关于运行维护阶段建筑能耗的计算已经具有比较成熟的方法，具备在实践中推广的条件。目前中国已经强制要求在建筑设计阶段必须进行建筑节能计算，因此完全可以通过“节能”手段来达到减少碳排放量的目标。

第三，建筑物运行维护阶段的碳排放量主要涉及运行中的能源消耗，即：①为了维持良好的室内环境质量的能源消耗；②各类用能设备的能源消耗。对于前者而言，主要涉及空调和供暖，而空调能耗、供暖能耗又与建筑物外围护结构的热工性能密切相关；对于后者而言，主要涉及选用高效节能设备。上述两方面的内容都与设计师的工作有关，热工性能优良的外围护结构和高效用能设备是构成低碳建筑、节能建筑的必要条件。

2.3.2 建筑减碳与建筑节能

建筑减碳与建筑节能是两个相互关联但又各自独立的概念。在实现建筑的低碳转型过程中，节能是基本前提。通过降低建筑的能耗需求，可以在较低的能耗基础上进一步推进电气化，实现低碳甚至碳中和的目标。反之，如果能耗基数过高，则低碳目标的实现将变得困难。

建筑减碳与建筑节能的主要区别在于，建筑节能通常以建筑的年能源消耗总量为评价标准，而低碳目标则需综合考量能源结构、用能需求与能源供应之间的关系。低碳建筑要求在建筑运行中最大限度地减少化石燃料的使用，推动全面电气化，以减少直接碳排放。这种能源结构的转变对于建筑的节能和低碳化都是至关重要的。

在建筑运行用能与外部电网供给的关系上，低碳目标提出了新的要求。

可再生能源如太阳能和风能具有显著的波动性，其供应模式与建筑的用能需求可能不同步，这要求建筑用能系统具备一定的灵活性。例如，冰蓄冷技术虽然在节能方面可能不是最优选择，但从低碳角度来看，它是建筑中电能转化蓄存的重要方式，能够有效地进行负荷管理，是一种重要的低碳措施。同样，直接电供暖系统，如果电力来源于建筑自身的光伏发电，并通过建筑蓄能系统如混凝土辐射地板电供暖进行优化设计，不仅可以实时消纳光伏电力，还能满足建筑供热的时间稳定性要求，是一种有效的低碳供暖方案。

在实际运行中，当建筑自身产生的可再生电力超过其运行用能需求时，建筑需要及时消纳这些过剩的可再生能源。通过使用变频技术的空调、水泵和风机等主动式用能设备，建筑可以适应短时间内的可再生能源过量供给。尽管这可能导致更高的建筑用电能耗，从节能角度看似能耗较高，但从整个系统来看，却充分利用了可再生能源，符合建筑运行用能的低碳目标。

此外，建筑还可以通过其内部设备系统进行短时间用能功率调节，以促进外部电网可再生电力的消纳。例如，在风电高峰期间，可以利用空气源热泵供暖设备进行蓄能，以适应电网的供需变化。

在碳中和目标的驱动下，建筑的低碳与节能目标可以实现有机统一。节能是实现低碳目标的基础，而低碳目标则对建筑节能提出了更高要求。在未来的低碳能源系统中，建筑将不再仅仅是能源的消费者，而是成为能源生产、消费、调蓄的综合体，成为低碳能源系统中的重要组成部分，实现从能源消费者到能源系统参与者的角色转变。

2.3.3 生态建筑与可持续建筑

生态建筑和可持续建筑的概念已有很多论述，其中可持续建筑偏向于从可持续发展的角度出发，认为符合可持续发展要求的建筑物就是可持续建筑，生态建筑则偏向于借鉴生态学理论，认为能够保障人体健康和自然健康的建筑就是生态建筑。事实上，可持续建筑和生态建筑在很多方面是一致的。“低碳建筑”则认为：在建筑全生命周期内产生的 CO_2 排放量（或温室气体排放量）较少的建筑，就是低碳建筑。因此相比之下，低碳建筑的聚焦点比较集中，明确集中于计算建筑物的 CO_2 排放量（或温室气体排放量），可操作性较强。当然，降低建筑物 CO_2 排放量和温室气体排放量的措施与实现节能建筑、生态建筑、可持续建筑的措施是完全一致的，几乎没有区别。

2.3.4 低碳建筑与绿色建筑

低碳建筑和绿色建筑是两个相互关联但又有所区别的概念，它们都旨在实现建筑的可持续性，但侧重点和涵盖的范围有所不同：低碳建筑主要关注减少建筑在其整个生命周期中（包括建造、运营、维护和拆除）的碳排放，特别是减少因使用化石燃料而产生的温室气体排放。低碳建筑的实践通常包括提高能效、使用可再生能源、优化建筑材料和设计、减少废物和提高资源利用效率。而对于绿色建筑，则更广泛地关注建筑对环境的整体影响，包括但不限于能源效率、水资源保护、室内环境质量、土地利用、生态系统保护和建筑材料的选择。绿色建筑的设计和建造遵循一系列原则，如减少对自然资源的消耗、保护生态系统、提供健康的室内环境、使用可持续的建筑材料和技术等。

一般可以认为，低碳建筑和绿色建筑具体区别包括：

（1）涵盖范围不同：绿色建筑涵盖的范围更广，不仅包括低碳建筑关注的问题，还包括水资源利用、土地利用、生物多样性保护等问题。

（2）评价标准不同：绿色建筑通常有一套全面的评价体系，如 LEED（Leadership in Energy and Environmental Design）认证或中国的绿色建筑评价标准，而低碳建筑可能更侧重于碳排放的量化和减排措施。

（3）设计重点不同：低碳建筑可能更专注于建筑的能源系统和运营过程中的碳排放，而绿色建筑则可能更注重建筑与自然环境的和谐共生，包括景观设计、生态屋顶和绿色空间等。

（4）环境侧重不同：绿色建筑更加强调室内环境质量，包括室内空气质量、自然采光、声学舒适度等，而低碳建筑虽然也关注这些方面，但不是其主要焦点。

尽管低碳建筑和绿色建筑有所不同，但在实践中往往相辅相成。一个建筑项目可以同时追求实现低碳和绿色建筑的目标。

第3章 工业建筑低碳规划布局

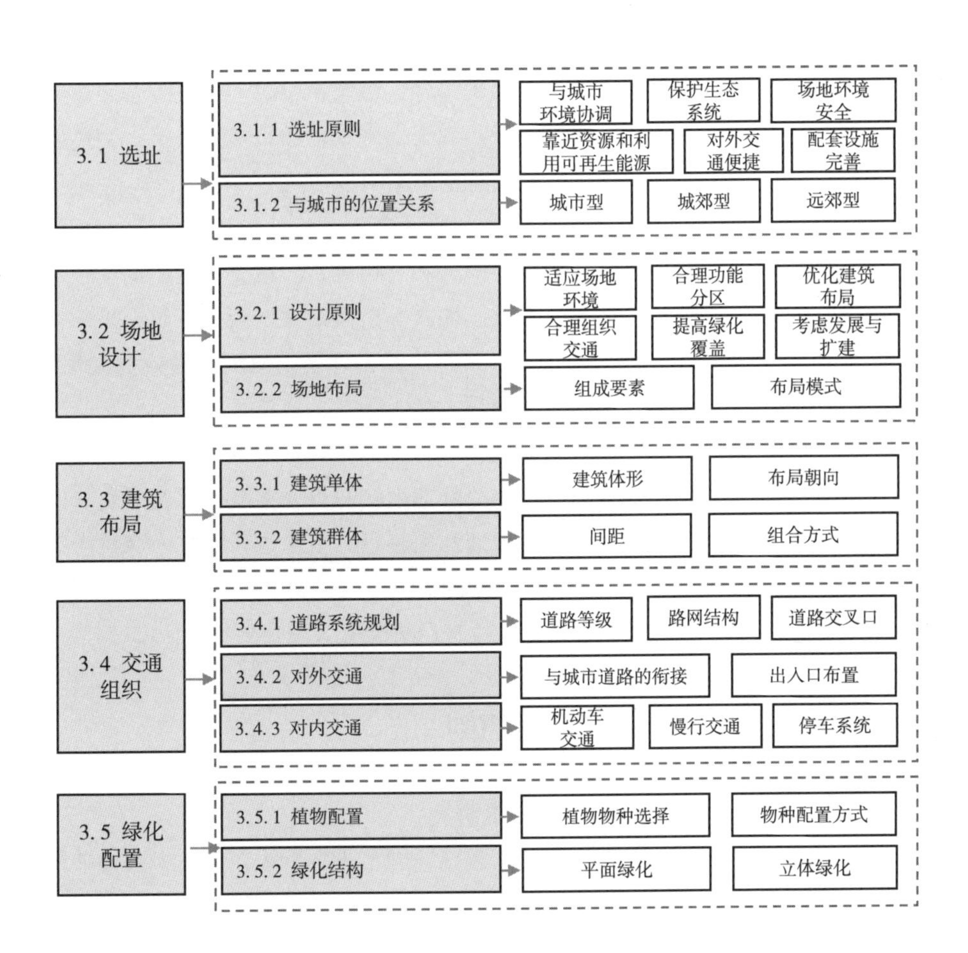

3.1 选址

在实现建筑低碳目标的过程中，选址阶段的决策至关重要，因为它直接影响建筑的能源消耗、环境影响和可持续性。在选址前，需调查收集与建筑场地综合环境相关的关键自然和人文要素信息。这些要素包括：所在地区城市的规划政策、文脉状况；城市冬夏季主导风向、太阳辐射照度、平均气温、空气湿度等气候条件；场地可达性和周边交通网络条件；场地地形地貌、地质安全、水文条件、生态系统等。通过综合考虑这些要素，可以在选址阶段做出有利于实现工业建筑低碳目标的决策，为后续的设计、建设和运营阶段碳排放管控奠定坚实的基础。

在选址过程中，不仅应考虑基址本身的问题，还要考虑工业建筑项目与所在综合环境的协调和可持续性。首先，判断这个位置是否适合建设，需要评估地形、地貌、地质等自然条件是否适宜建设，确保建筑的安全和稳定性，考虑风向、日照等气候条件是否有利于高效的自然通风和采光；其次，评估场地的能源资源，如太阳能、风能、地热能、水资源等，以满足建筑的能源资源需求并减少对外部的依赖，考虑周边环境、场地可达性和服务设施是否能提高使用者的舒适度；另外，要减少项目开发建设对周边环境的不利影响，通过合理规划利用基址、低影响开发技术保护生态环境，达到自然环境与人工环境的协调和统一；最后，坚持“绿色低碳可持续发展”的理念，确保建设项目运营投产后符合长远发展目标。

3.1.1 选址原则

1. 与城市环境协调

（1）符合国家规范、城市规划需求：首先必须遵守国家颁布的与工业建筑相关的法律法规和标准规范；遵循厂址所在地相关城市规划、工业区规划及重大基础设施规划等方面的需求。

（2）注意城市常年主导风向、水资源位置：工业生产是废水、废气、废渣的来源之一，为减少“三废”污染，选址应在城市常年主导风向的下风向，避免布置在水源及河流上游，以保护城市环境不受工业活动污染。

（3）保护文物古迹、利用旧建筑：基址内及其周边的文物古迹是重要的文化遗产，其凝结的文化内涵须予以特别重视，不仅要保护文物建筑的结构安全和历史风貌，更要维持其周围历史空间环境，同时要确保新建建筑或设施与其相协调；充分利用场地内旧建筑，通过改造和再利用，赋予其新的功能和活力。

（4）高效集约利用废地：为节约土地资源，优先选用城市废弃耕地、已开发过或曾受污染的场地进行建设，以节约土地资源。但在使用前，需对这些场地进行环境评估和修复，确保其安全和适宜性，减少对自然生态系统的进一步影响，进而通过城市规划和土地整治，将这些废地转变为具有开发潜力的新区域，促进城市的可持续发展。

2. 保护生态系统

（1）避开各类生态敏感区：减少对自然环境的负面影响，应避免破坏生态敏感和重要的区域，如水源保护区、风景名胜区、自然保护区等，以保护生物多样性和生态系统服务；重视对濒危动植物栖息地的保护，避免因工业活动导致物种灭绝或生态平衡破坏；保护基本农田和林地，确保食物安全和碳汇功能，维持土地资源的可持续利用；避免在生态湿地、自然水系和郊野公园等区域进行建设，以保持这些区域的自然状态和生态功能；对于坡度较大的山地，应避免开发，以减少土壤侵蚀和滑坡等自然灾害的风险。

（2）避开人群聚集区：考虑到工业活动可能对周边居民的健康和生活质量造成影响，应尽量避开人群集中居住的区域。在建设前，应通过环境影响评估，预测和评估工业活动可能产生的废气、废水、噪声等污染物对周边居民的影响，并采取相应的防护措施。

3. 场地环境安全

（1）避开不良地质：避开泥炭土、大孔土、膨胀土、杂填土、易液化土、湿性黄土等可能导致地基不稳定的土壤，选择有较高地基承载力、足够强度和良好稳定性的土壤；避开可能发生海潮、滑坡、山洪、泥石流、地震等自然灾害的地段，同时避开冲沟、易侵蚀斜坡、断层等地质敏感地段，选择对自然灾害有充分抵御能力的地段。

（2）选择适宜地形：应综合考虑用地的平面和纵坡。用地表面应平整密实、粗糙度适当，纵坡应自然、均衡，坡度在 0.5%~2% 之间为宜，以适应工业生产、运输方式和排水坡度需求。

（3）远离污染源：避免靠近电磁辐射、放射性物质、有毒污染物土壤或有害气体超标排放的污染源，以保护场地环境和人员健康；确保选址区域的大气环境质量符合相关标准，避免因环境污染导致的额外治理成本。

（4）地下水位不宜过高：考虑地下水中氯离子和硫酸根离子含量较多或过高的情况，避免因地下水位过高导致的潮湿问题和对建筑基础的侵蚀，优先选择地下水位低于地下室或地下构筑物深度的场地，以维持建筑基础的耐久性和稳固性。

4. 靠近资源和利用可再生能源

（1）靠近水资源：用水量大及对水质要求特殊的工业，如食品加工、造纸、纺织等行业，选址时应靠近充沛可靠的水源，同时注意用地与水源地之间的高差问题，以确保水的顺利供应和有效利用，此外应采取措施保护原有水体的形状、水量和水质，避免建设活动对当地水资源造成破坏。

（2）靠近能源供应：工业建筑必须有可靠稳定的能源供应，如电力、热能等。根据工厂的特点和能源需求，于能源供应充足的地区进行选址，如靠近发电站、热电站或其他能源生产基地，考虑选址在资源富集区域，如风能、太阳能资源丰富的地区，可以利用这些可再生能源为工业生产提供部分或全部所需能源。

（3）利用可再生能源：工业建筑在选址时，应考虑利用场地周边可再生能源。评估当地可再生能源的潜力和可行性，将其纳入工业建筑的能源规划和设计中，如建设太阳能光伏板、风力发电机等设施，以减少对传统能源的依赖；通过使用地热能、生物质能等可再生能源，可以降低工业生产的碳足迹，促进可持续发展。

5. 对外交通便捷

（1）靠近大型交通枢纽：选址时应考虑靠近公路、铁路、港口和机场等大型交通枢纽，以便于原材料的输入和产品的输出；考虑建立直接连接主要交通线路的专用道路，以提高运输效率和减少对周边交通的影响。便捷的交通网络有助于降低运输成本，提高企业的市场竞争力，同时也有利于吸引国内外投资。

（2）靠近城市公共交通：应充分利用周边环境中的城市公共交通系统，如地铁、公交车和轻轨等，考虑设置公交站点、自行车租赁站和停车设施等，鼓励绿色出行和减少车辆使用。通过提高建筑的可达性，可以减少对私家车的依赖，从而降低城市交通压力和减少碳排放。

（3）优化物流和配送：通过合理规划物流路线和配送中心，减少不必要的运输和往返，提高物流效率；采用先进的物流管理系统和技术，如实时交通监控、智能调度和优化配送路线等，以减少能耗和碳排放。

（4）促进多式联运：选址时考虑多式联运的可能性，即通过多种运输方式，如公路、铁路、水运的结合，优化运输效率和成本。多式联运有助于减少对单一运输方式的依赖，降低运输过程中的能耗和碳排放。

6. 配套设施完善

（1）靠近基础设施：确保工业建筑靠近水、电、气等市政设施，以确保工业建筑的顺畅运营；考虑工业区周边是否配备完善的教育、医疗、文化和娱乐等公共服务设施，以满足员工的多元化需求；优先考虑靠近科研机构、技术服务中心等科技服务设施的地段，以便及时获取最新的技术支持和创新资源；确保选址地区拥有稳定高效的通信网络，为企业的信息化建设提供有力保障。

（2）靠近市场：选址应考虑地区对工业产品和服务的需求量，确保产品能够快速响应市场需求。评估目标市场的潜力和发展趋势，选择有良好市场前景的地点，确保市场的规模和能力与工业产品的类型和规模相适应，避免市场饱和或需求不足。

（3）靠近物流和供应链：考虑工业建筑与物流中心、仓储设施和配送网络的连接性，以降低物流成本和提高供应链效率；评估原材料供应的稳定性和成本，选择能够保障原材料供应的地点。

（4）符合环境法规和人力资源：评估工业活动对当地环境的潜在影响，并确保符合环境保护法规和标准；评估当地的劳动力资源，包括技能水平、教育背景和劳动力成本，考虑工业区对高技能人才和专业人才的吸引力，以及是否能够提供足够的就业机会。

3.1.2　与城市的位置关系

不同产业类型的工业建筑对基址存在不同需求，应根据工业产业定位，综合分析主要产业对交通、资源、人才等各要素的需求以及其对城市环境的影响程度，进行合理选址。大致可分为城市型、城郊型、远郊型三种，如图 3-1 所示。

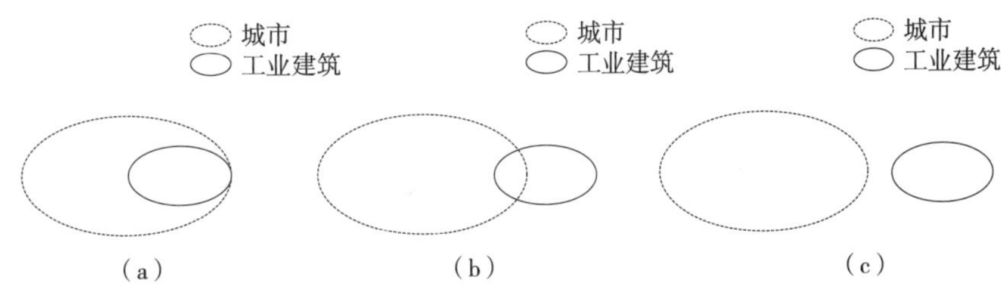

图 3-1　基址与城市的位置关系
（a）城市型；（b）城郊型；（c）远郊型

1. 城市型

基址位于城市中心区，与城市联系紧密。

（1）适用范围：主要适用于对环境影响小、占地需求不大、货运量相对较小的工业类型，如电子制造、物流商贸、文化创意和科技孵化等新兴产业。

（2）形成原因：此类工业通常需要便捷的交通网络、高效的通信系统和丰富的科研教育资源，同时对高新技术人才有大量需求，依赖城市智能资源以及城市基础设施和服务的利用，这些通常在城市中心区域更为集中。

（3）特征：由于城市土地资源的稀缺性和高成本，城市型工业的规模往往受到一定限制；同时，此类工业的选址和运营受到城市规划、土地使用政策和环境保护法规的严格限制，在空间布局和运营模式上的自由度较低；此外，此类工业倾向于在特定的区域集聚，形成产业集群或特色街区，如科技园区、文化创意区等，以共享资源、促进交流和提高效率。

2. 城郊型

基址位于城市边缘，往往围绕高新区、经济技术开发区等特定区域发展。

（1）适用范围：主要适用于对原材料和资源依赖性较强的工业，如装备、汽车零件等机械制造产业；需要大量的原材料输入和产品输出的工业，如食品、农特产品、生物物种资源等加工产业；需要较大的空间和较低的土地成本的工业，如工艺品编织等传统手工业加工产业。

（2）形成原因：此类工业受到原材料供应、资源分布和交通物流等因素的影响，需靠近原材料地、资源地；货运量较大，需靠近交通枢纽；虽有一定技术要求，需要与科研机构、高等院校等城市其他部门有密切联系，但对城市环境有一定影响，且规模相对较大，更适合布局在城市边缘。

（3）特征：城郊型工业能带动城市周边地区的经济发展，促进就业和产业升级；推进城镇化进程，促进城乡一体化发展；吸引相关配套产业和服务设施的发展，形成产业链条完整的产业集群。

3. 远郊型

基址距离城区较远，常与其他工业产业结合，形成卫星城、新城等独立工业城镇。

（1）适用范围：主要适用于加工高污染、高能耗资源的产业，如加工煤、石油、矿产、建材等资源的产业。这类工业由于其生产特性，通常需要大量的土地和空间，同时考虑到环境污染问题，更适合布局在距离城区较远的地区。

（2）形成原因：此类工业的规模往往较大，需要大量的土地和资源；污染严重，必须远离城区；通常具备完整的自身功能，包括住宅、商业、教育和医疗等配套设施，对城市的依赖性较小。

（3）特征：远郊型工业通常不受城市扩张和土地利用限制的影响，用地布局相对自由；前期投入成本较高，同时可能会面临人才吸引和资源配置的挑战，可能导致产业发展速度受限。

在工业建筑场地规划设计的全过程中，涉及对场地条件的综合分析和合理利用，以及对建筑功能分区、布局、交通、绿化的设计和优化，不仅要处理好场地内及周边各因素与工业建筑建设的动态平衡关系，同时应考虑到未来的发展与扩建，以节约、高效用地为原则，做到最大化利用、低冲击开发、经济化和舒适性并行，以达到低碳发展和可持续发展的目标。

3.2.1 设计原则

1. 适应场地环境

工业建筑场地设计应顺应场地自然地形，尽量减少对原有地貌的改造，合理设置人工景观要素，塑造具有个性和特质的场地环境。通过工业建筑与自然生态系统的充分结合，最大限度地减少人为因素对原生景观、水文等生态系统造成的干扰和破坏；合理规划园区硬化设施，适当设置沟渠、湖泊、池塘等人工水体以降低热岛效应，体现工业建筑与自然生态系统和谐共生的理念。

2. 合理功能分区

设计时，应根据生产工艺流程和操作需求进行功能分区。把功能相同或相近的用途区集中或相邻布置，使得这些区域之间便于联系；考虑功能不同的区域的间距安全、防护距离要求，避免交叉污染。布局时，应结合场地地形及水文地质条件，合理布置建（构）筑物及有关设施等区域，充分利用工业园区零星和不规则的地段，以降低土石方工程量和基础建设费用。

3. 优化建筑布局

基于当地气象条件分析，合理布局建筑朝向、层数及建筑单体之间的位置关系，以提升自然采光和自然通风效率、集约紧凑用地，如注意建筑与日照、地区常年主导风向的夹角；在满足生产工艺的前提下，尽量采用联合建筑、多（高）层建筑、地下建筑、利用地形高差的阶梯式建筑等。

4. 合理组织交通

道路网是工业厂区的发展骨架，对工业区规划布局影响最大。在道路系统设计时，不仅应满足工业区内的交通需求，还需做到构架清楚、分级明确，形成完整协调的系统。此外，通过道路网规划，避免外部交通穿越工业区，保持工业区空间结构的完整性，便于区内各功能区、各种设施以及各种用地之间的联系，满足区内交通安全。

5. 提高绿化覆盖

在绿化设计时，应保证场地内有充分的绿化用地，设置公共绿地，或在道路两侧设置绿化带、防护林，保护和净化场地环境。根据场地绿化条件和功能要求进行点、线、面相结合，单层、多层、垂直相结合等设计，形成功能明确、布置合理的立体绿化系统。此外，应充分利用场地的边角地带、管线区的覆土层地带、管架和架空通廊下的地面、建（构）筑物墙面和场地护坡等进行绿化，扩大绿化面积。

6. 考虑发展与扩建

统筹安排近期和远期工程，合理衔接，预留发展用地。近期工程应集中、紧凑、合理布置，应与远期工程合理衔接。远期工程用地宜预留在厂区外，考虑辅助生产设施，交通运输、仓储设施等相应的发展需求，只有当近、远期工程建设施工期间隔很短，或远期工程和近期工程在生产工艺、运输要求等方面密切联系不宜分开时，方可预留在厂区内。此外，预留发展用地内，不得修建永久性建（构）筑物等设施，除预留满足生产设施发展用地外，还应考虑辅助生产设施、交通运输，仓储设施等相应的发展用地，并根据实际变化定期或适时调整预留用地，确保工业区的可持续发展。

3.2.2 场地布局

1. 组成要素

1）建筑物

建筑物是构成场地的核心要素，是工业活动的主要场所。它承载着生产、仓储、居住、办公等功能，其建筑性质和规模对场地的使用性质和经济技术指标有直接影响。

2）交通设施

内部道路、运输轨道、桥梁、停车场等交通设施主要用于满足场地内建筑物之间或场地与城市之间的交通联系，确保人流（包括机动车流、非机动车流、步行人流）和物流的顺畅，由于其对于工业活动的高效进行至关重要，设计时应考虑到安全性、效率以及与外部交通网络的连接。

3）景观绿化

绿化不仅能够改善空气质量，还能为员工提供舒适的休息和工作环境，可通过种植乔木、灌木、草坪等植被，提升场地的美学价值并优化生态环境。

4）基础设施与设备

包括供水、排水、电力、燃气、通信等基础设施，以及生产所需的各种设备。这些设施和设备是工业活动得以顺利进行的基础，对于保障生产安全和提高生产效率至关重要。

5）室外活动设施

为了满足员工的室外活动需求，工业建筑场地通常会设计一些室外活动设施，如健身设施、休憩场地、步行道等。这些设施是室内活动的有效延伸，有助于提高员工的工作满意度，促进身心健康，提高工作效率。

2. 布局模式

工业建筑的布局模式对于确保生产效率、安全性和环境可持续性具有重要影响，可根据不同的产业特征、地形地貌、建筑规模及产业需求等，选取适宜的布局模式，主要包括平行式、环状式、组团式和混合式四种，如图 3-2 所示。

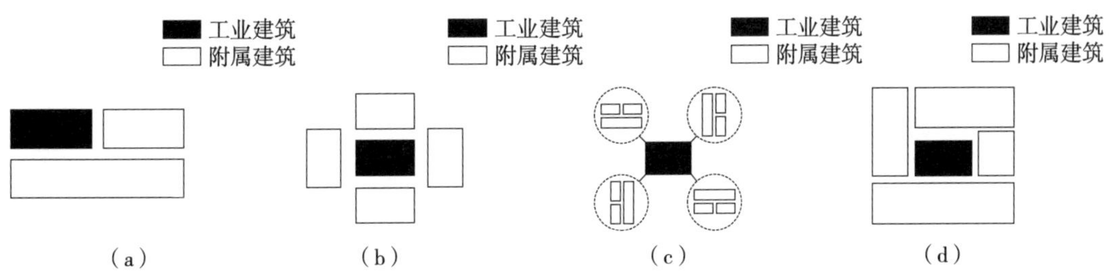

图 3-2　工业建筑场地布局模式
（a）平行式；（b）环状式；（c）组团式；（d）混合式

1）平行式

平行式指企业群与公共中心沿一条城市道路呈一字形串联式布置，即生产与居住平行布置，形成平行发展的态势。目的是使管理、居住等配套服务区与工业生产区长边相接，既能保持密切联系，又互不干扰。此模式适用于规划区域呈带状，且发展规模不大的工业区。

2）环状式

环状式指企业从一个公共中心向四周作环状辐射式展开，路网作环状式布置，形成中心向四周辐射的布局秩序。这种模式利于工业拓展，但当生产区发展到一定程度超出公共中心的服务半径时，生产区的发展将会受到限制。此模式适用于分区明确、重点突出、位于城市边缘、规模较小的工业区。

3）组团式

组团式指企业围绕一个公共中心以组团的方式集聚，每个组团都是个相对独立的片区，它是环状式布局模式的一种衍生模式。此模式可实现分期建设，滚动开发，共享公共设施，节约投入费用，同时，各组团也能相对独立运作，灵活经营，实现企业内部之间、组团之间的副产品和废物的循环利用。

4）混合式

混合式是将多种结构模式相结合，根据具体地形和区域条件，将生产、居住有机地结合在一起的模式。此模式通常设定一轴或多轴，且围绕轴线相隔一定的距离布置多个工业组团，每个组团都较为独立完整，是工业建筑较为理想的一种规划结构。

在低碳设计理念下，工业建筑的布局规划需要综合考虑日照、通风、噪声等多种环境因素，以实现资源的有效利用。通过科学合理的建筑布局，可以在满足生产需求的同时，提高能源效率，降低环境影响，实现工业建筑的低碳发展目标。这种布局方式不仅有助于减少资源浪费，还能提升员工的工作满意度和生产效率，为企业带来长期的经济和社会效益。

3.3.1　建筑单体

1. 建筑体形

建筑物的体形设计对于其能耗和碳排放有着直接的影响。建筑体形系数指建筑物接触室外大气的外表面积与其所包围的体积的比值，即指单位建筑体积所分摊的外表面积。体形系数影响外围护结构的热交换，是评估建筑外围护结构热交换效率的重要参数，进而影响后期建筑运营阶段中空调、供暖等设备的能耗，是降低建筑碳排放的重要指标。

建筑体形系数越小，单位建筑面积所对应的外围护结构表面积越小，通过外围护结构的冬季传热损失和夏季辐射的热量越小，冬季供暖和夏季制冷的能耗也越小。从降低建筑能耗出发，应将建筑体形系数控制在一个较低数值水平。其中，《工业建筑节能设计统一标准》GB 51245—2017 对严寒和寒冷地区的一类工业建筑体形系数进行了控制，如表 3-1 所示。

严寒和寒冷地区的一类工业建筑体形系数　　表 3-1

单栋建筑面积 A（m^2）	建筑体形系数
$A > 3000$	≤ 0.3
$800 < A \leq 3000$	≤ 0.4
$300 < A \leq 800$	≤ 0.5

在结合国家相关工业建筑节能标准的基础上，控制建筑体形系数一般可采取以下方法：其一，降低建筑长宽比，可以减少建筑的外表面积，从而降低热交换面积和相应的能耗。在设计中，应避免过长的建筑布局，尽量采用小面宽、大进深的布局，以减少外墙面积，特别是在寒冷地区。其二，简化建筑体形，避免不必要的凹凸，有助于减少外表面积。规整、简洁的建筑形态不仅有利于节能，还可以降低建筑施工和维护的成本。其三，在满足功能需求和结构安全的前提下，适当增加建筑层数可以有效降低单位建筑面积的外墙面积，从而降低体形系数。多层建筑相比于单层建筑，在相同建筑面积下具有更低的能耗，因为它们有更少的外围护结构面积。

2. 布局朝向

建筑朝向是指建筑物正立面墙面法线与正南方向之间的夹角。建筑朝向直接关系到太阳能、风能利用等问题。这些微气候又会直接影响供热、制冷、采光、通风等能耗需求。主导朝向对于建筑能耗是“双刃剑”。例如，对于冬冷夏热地区的建筑，冬季需要充足的太阳热能来照射内部空间，同时需避免冷风侵袭，降低供暖能耗；夏季需要采用遮阳和反射装置减少太阳辐射进入室内或阳光直接长时间照射建筑外墙面，同时组织良好的自然通风，降低制冷能耗。

建筑朝向是影响建筑能耗和微气候条件的重要因素，合理的朝向设计可以在很大限度上提高能源效率并降低建筑的碳排放，影响建筑物朝向的因素主要有日照条件、风向条件、场地形状、道路走向、地形变化。

1）朝向与日照条件

多数情况下，北半球在设计中会选择南北向、南偏东或偏西 15° 范围内作为建筑的主要朝向，以获得更多的日照；在南偏东或偏西 15°~30° 范围内，建筑仍能获得较好的太阳辐射热；偏转角度超过 30° 则不利于日照。

2）朝向与主导风向

设计时，应考虑当地的主导风向，建筑朝向应以利于自然通风与提高室内空气质量为目标进行设计，并以减少机械通风为需求。建筑物的主立面一般以一定的夹角迎向春秋季、夏季的主导风向，充分利用风能，应考虑到冬季防寒、保温与防风沙侵袭的要求，避开冬季的主导风向。

3）场地与地形变化

根据场地的具体形状和特征，合理安排建筑的朝向，以实现最佳的场地利用率和建筑效果，考虑场地的自然条件，如河流、山体等，利用地形的自然坡度和高差，合理确定建筑的朝向，实现良好的视野和日照条件，以确保建筑与周围环境的和谐共生。

3.3.2 建筑群体

1. 间距

建筑间距的设计对于确保建筑群体内部的日照、通风、采光和热环境等方面具有重要影响。在低碳设计理念下，合理的建筑间距可以减少对人工照明和空调的依赖，从而降低能耗和碳排放。在设计工业建筑群体时，应综合考虑日照间距和通风间距的要求，以及建筑的功能、高度、布局和周围环境等因素。

1）日照间距

日照间距是指为了确保建筑物内部获得足够的自然光照而设定的建筑物

之间的最小距离；根据当地的纬度、建筑高度、窗户尺寸和位置等因素，可以计算出所需的最小日照间距。通过控制建筑物之间的间距来满足日照时数的要求，但一般情况下还需要通过计算进行核对。计算公式如式（3-1）所示：

$$L=H/\tan\alpha \tag{3-1}$$

其中 L 是间距（日照间距），H 是前排建筑北侧檐口顶部与后排建筑南侧底层窗台面的高差，α 是大寒日（或冬至日）的太阳高度角，如图 3-3 所示。在实践中，目前往往通过计算机软件模拟的精确方法来确保每个建筑均能满足日照标准的要求。

从日照考虑，一般较高的建筑布置在北侧，较低的建筑布置在南侧。在特定的气候环境下缩小建筑间距，使前幢建筑成为遮阴物体，而形成"凉巷"，建筑自身构成的遮阴，不会增加造价，但对微气候条件改善意义重大。

2）通风间距

通风间距是指为了保持良好的自然通风效果而设定的建筑物之间的最小距离，适当的通风间距可以促进空气流通，减少室内外的温差，提高室内环境的舒适度。通风间距的设计需要考虑当地的气候条件、风向和风速等因素。一般来讲，狭窄街道上的高大建筑对风的阻滞作用大，而宽阔街道上的低矮建筑对空气流动阻碍较小。当建筑朝向和风向平行时，影响风速的主要因素是建筑间距、建筑迎风面的面积，如图 3-4 所示。

当建筑间距离较小时，正面吹来的风会直接掠过建筑物，在建筑之间产生稳定的漩涡；当建筑间隔增大但小于风影区尺寸时，会产生尾迹流动；当建筑间隔增加时，会产生独立流动，这种状况有益于后方建筑的通风，如图 3-5 所示。因此，建筑间距适当加大，会使风速损失最小化。建筑错排，其四周的风有助于邻近建筑的通风。

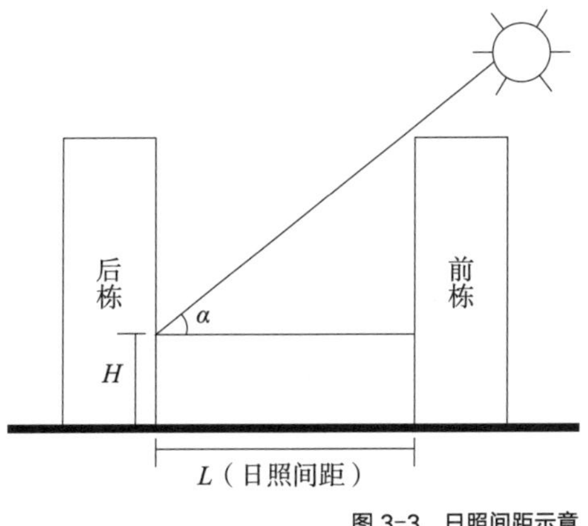

图 3-3　日照间距示意

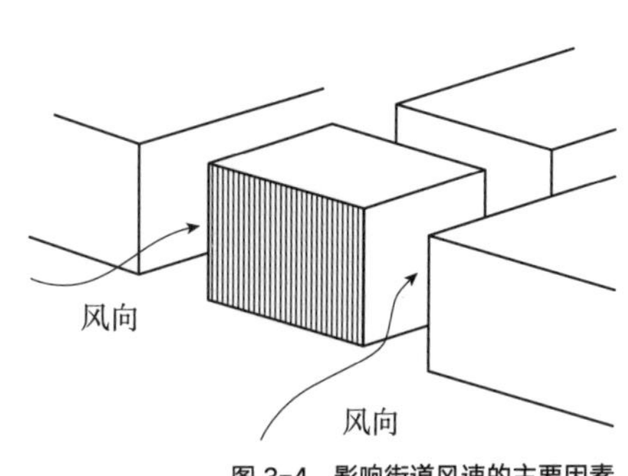

图 3-4　影响街道风速的主要因素

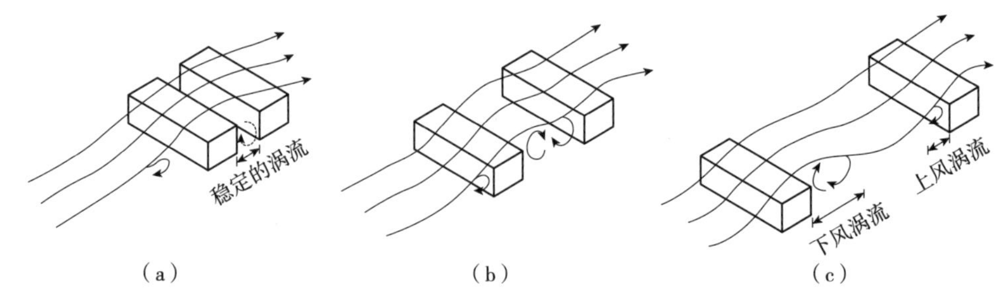

图 3-5　建筑之间风的三种流动状况
（a）分离流动；（b）尾迹流动；（c）独立流动

2. 组合方式

建筑群体的合理组合有助于优化场地环境、改善单体建筑日照和通风质量，可以在规划设计阶段预测和优化建筑群体的风环境，实现夏季的有效通风和冬季的有效防风，从而提高工业建筑的舒适度和能源效率。

考虑到我国大部分地区夏季盛行南风和东南风，建筑群体布局可采用错列式、斜列式、前短后长、前疏后密等方式，以引导主导风向进入建筑群内部。通过建筑高度的变化，采用"前低后高""高低错落"的原则，避免较高建筑物对较低建筑物的挡风效应。利用首层架空、局部挖空、组织内院等设计手法，引入自然通风，改善后排建筑的通风效果，如图 3-6 所示。考虑到冬季主导风通常是北风或西北风，建筑物的主要朝向应避免这些不利风向，以减少冷空气对建筑围护结构的风压和冷风渗透。通过合理的建筑布局和屏障设置，如绿化带或风障，来阻挡冬季寒风，保护建筑内部的温暖环境。

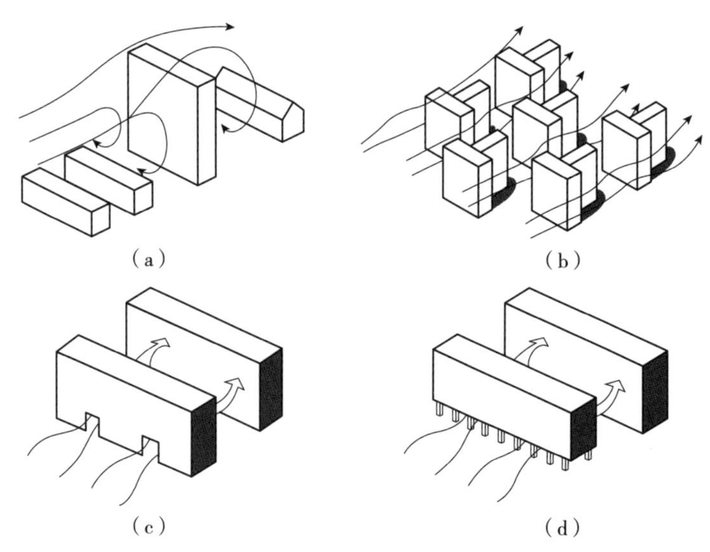

图 3-6　建筑群体组合方式
（a）高低错落；（b）错列式；（c）局部挖空；（d）架空

在规划设计过程中，应针对具体规划方案对其环境风场进行研究，以得出能适应不同季节的风环境需求的设计方案。目前对于风场的研究方法主要有两种：其一，利用风洞的物理模型试验方法，通过在缩小比例的模型上模拟风流，研究建筑物周围的风环境；其二，利用计算流体力学（CFD）的数值模拟方法，通过计算机数值分析模拟风流和建筑物的相互作用，预测风场分布和风压情况。

低碳工业建筑的交通组织是实现可持续发展的重要组成部分，它旨在减少环境污染和对不可再生资源的依赖。根据场地空间、人口、产业等发展的特点，综合全面地提出符合工业产业发展要求的低碳交通发展的规划目标与发展策略，创建高效、环保的交通体系，使其融入城市交通路网，避免交通瓶颈的出现。

3.4.1 道路系统规划

工业企业道路系统分为对外交通、对内交通。对外交通为工业企业与城市道路、车站、港口等相连接的道路，或通往本厂矿企业外部分散的厂区、居住区、各种辅助设施的辅助道路。对内交通为厂区、服务设施、居住区等之间的道路。合理布局工业园区道路，构建层次分明、结构完善、服务到位的高效园区道路系统，对于低碳减排具有重要意义。

1. 道路等级

根据建筑规模和用地形态，宜将道路划分为主干道、次干道、支道、车间引道和人行道五个等级。等级设计满足金字塔的分配，主干路及次干路应当通畅，支路要做到“通而不畅”。主干道、次干道、支道三者通常与人行道、绿化分隔带结合布置。

1）主干道

主干道为连接厂区主要出入口的道路，或交通运输繁忙的全厂性主要道路。以车行为主，要求交通便捷、道路平直，交通组织应实现人车分流。主干道宜采用双向 4 车道的断面形式，根据规模，主干道车行道路面宽度为 4.5~12m。厂区主要出入口的道路，或运输繁忙的全厂性主要道路，宽度一般为 7m 左右。

2）次干道

次干道为连接厂区次要出入口的道路，或厂内车间、仓库、码头等之间交通运输较繁忙的道路。以车行的交通方式为主，使人流和车流分开。次干道宜采用双向 2 车道的断面形式，根据规模，次干道车行道路面宽度为 3.5~9m。连接厂区次要出入口，或厂内车间、仓库、码头等之间运输繁忙的次干道宽度为 4.5~6m。

3）支道

支道为厂区内各功能用地的内部道路，是实现用地内部联系的道路系统。支道的车辆和行人都较少，道路尽头设置回车场。支道宜采用双向 2 车道或单行道，支道路面宽度通常为 3.0~4.5m。

4）车间引道

车间引道为车间、仓库等出入口与主、次干道或支道相连接的道路。宽度与车间大门宽度相适应。

5）人行道

人行道为行人通行的道路，通常沿干道设置。沿主干路设置时，建议宽度为 3~5m，工业区推荐下限，配套生活区推荐上限；沿次干道设置时，建议宽度为 2~4m；沿支道设置时，建议宽度为 1.5~3m。

2. 路网结构

路网设计应符合场地交通安全、集约用地、管网敷设等需求，综合考虑场地地形地貌、用地功能、开发强度、规划布局等因素，合理地进行空间结构组织和道路选线，工业建筑路网密度应不小于 4km/km^2。路网基本结构大致分为方格网式、环形放射式、混合式三种，如图 3-7 所示。

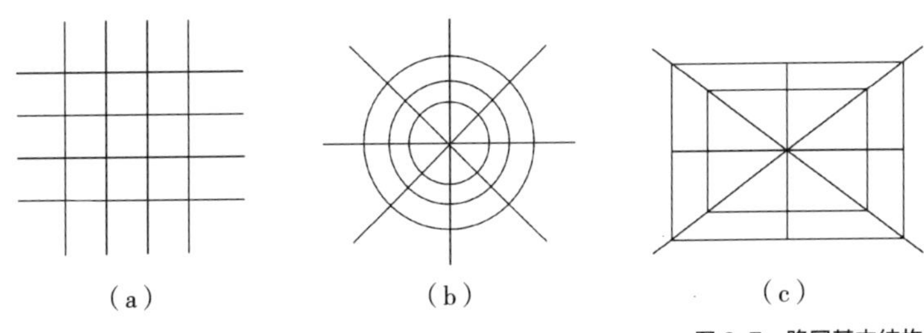

图 3-7 路网基本结构
（a）方格网式；（b）环形放射式；（c）混合式

1）方格网式

方格网式指多组互相垂直的主干道、次干道组成方格网状的道路系统。一般在地形平坦、不受地形限制的工业建筑中应用较为普遍。优点是道路布局规整、路网结构明确，有助于工业用地、建筑物的规划，让园区交通有效高速地运转；缺点是路网对角线方向的交通联系不紧密，导致有些车辆需绕行。

2）环形放射式

环形放射式指由工业园区中心向四周引出多组放射干道，利用环道将放射干道进行串联形成的路网。一般在地形上下变化较大的山区和丘陵地区应用。优点是可沿等高线布置，实现工程小、技术指标好的线型；缺点是容易受自然地形的影响，可能会产生很多的不规则空间，使建设用地分散。

3）混合式

混合式指综合利用以上两种结构的道路网形式。其能够扬长避短，让场地交通组织安全、高效，形成复杂有趣的场地空间。

3. 道路交叉口

交叉口是道路系统的重要组成部分，其设置的合理性直接影响园区车辆通行速度、通行能力、交通安全等，其形式应综合交通量、道路等级、路网结构、交叉口用地进行设置。

1）交叉形式

按交叉的形式，可分成十字交叉、T 形交叉、环形交叉等类型。

（1）十字交叉

十字交叉指四岔道路呈“十”字形的平面交叉。十字形道路交叉口可以使交通流量分散，减少拥堵情况，提高道路通行效率。车辆可以根据信号灯的指示有序地通过交叉口，避免形成混乱的交通局面。十字交叉口的布局使得车辆转向方便，驾驶员可以采取相对较短的路径进行转弯，减少其在交叉口的停留时间。同时，信号灯或交通标志的设置可以有效引导交通流，帮助驾驶员做出正确的行驶决策。但如果其面积、车道分配、宽度和转弯半径等因素设计不合理，可能会影响车辆的正常运行，增加交通事故发生的风险。

（2）T 形交叉

T 形交叉的形状类似于英文字母“T”，通常用于主要道路和次要道路的交叉，其中主要道路设在交叉口的直顺方向。T 形交叉的设计有助于减少车辆在交叉口处的等待时间，使各方车辆能够尽快通过，从而提高交通效率。但如果道路弯多路窄、等级较低，采用此交叉形式可能对通行造成一定限制。

（3）环形交叉

环形交叉是在几条交叉口中央设置圆岛或圆弧状岛，使进入交叉口的车辆均以同一方向绕岛环行。优点是车辆可以安全连续行驶，无须管理设施，车辆平均延误时间短，可降低油耗，减少噪声和污染，利于环境保护。缺点是占地面积和绕行距离大，不利于混合交通，当交通量趋近饱和时易出现混乱状况。当交通量接近于环形交叉口极限通行能力时，车辆行驶的自由度会逐渐降低，一般只能以同一速度列队循序行进，若稍有意外，就会发生降速、拥挤甚至阻塞。因此，可在工业园区交通量较小的交叉处设置环形交叉口，在交叉口中央设置圆岛进行绿化或设置园区标志性建筑。

2）交叉角度

道路相交时最好采用垂直相交的形式，必须斜交时，交叉角应大于或等于 45°，尽量增大斜交角，当交角很小时，为改善道路交通，可将道路扭正，加大交叉口进口道的夹角。不宜采用错位交叉、多路交叉、畸形交叉。

3.4.2 对外交通

对外交通是场地的对外门户，是整个厂区的交通枢纽，是连通城市交通与厂区交通的桥梁。

1. 与城市道路的衔接

在考虑场地与城市道路的连接时，不仅需确保场地内部的发展、人员的便利，还需对城市道路无干扰及影响，至少建设 1~2 条与城市联系的通道。工业建筑规划应分别从人流交通、货流交通两方面处理好与外部交通的衔接。

1）人流交通

人流交通应与城市公共交通，尤其是轨道交通形成对接；应尽可能使机动车在场地外围进入停车场或停车库，打造步行友好型工业厂区。

2）货流交通

货流交通应以高效便捷的方式与城市快速路网形成对接，成为联系海港、陆港、空港以及其他形式的货运中转枢纽；应尽量避免与生活性的城市路网交叉而相互干扰。

同时，工业厂区对外交通规划还应考虑与其他运输方式如铁路、港口等的衔接。

2. 出入口布置

1）出入口尺度

厂区出入口按大小分为主入口、次入口，按功能分为人行入口、车行入口，其具体大小、数量、位置及功能，由规划要求、工业企业的规模和性质、出入车辆类型和数量等决定。

例如，对于大型车辆通行的出入口，大门形式可为对开门或四开门，通常总宽度可达 7.6m 或更大；对于紧急出口，宽度应不小于 1.5m，以满足当火灾等突发事件来临时，人员的快速疏散需求。

2）出入口位置

出入口位置要结合城市道路、公交站点、停车场等交通设施考虑，应方便使用者充分利用交通网络，以争取便捷的对外联系。主、次出入口分开设置，主入口一般位于临靠主干道侧，但要避开城市道路交叉口，以保证交通的安全与畅通，要能方便地通达主体建筑的主要出入口。

3）出入口数量

为了确保安全，厂区各方向必须确保多于两个出入口。流线宜人车分流设计，当有特别安全警备要求时，应设置人行、车辆检查通道；同时在出入口处设置人员集散场地及车辆回转空间，可结合绿化景观布置。

3.4.3 对内交通

交通碳排放主要来自工业产品及原材料等在道路、轨道、管网、航运、船运等过程中的运输排放，也包括厂区内人员流动乘用交通工具带来的碳排放。一般来说，厂区内货车、私家车、公务车的碳排放比重较大。因此厂区需要通过合理的规划布局，优化厂区内交通和物流系统，倡导个人采用可持续出行模式，构建综合低碳交通网络体系，以降低交通能耗和碳排放。

1. 机动车交通

1）物流运输

根据工艺流程选择合适的物流存储、运输方式（如利用高差、重力等），将会减少能源、土地、人员、资金等各种资源的消耗，减少污染物排放。

（1）物流存储

可通过设置地面、地下中转站实现物流存储，如图 3-8 所示。地面中转站适用于需要大型及超大型挂车货运的厂区，靠近厂区的货运出入口设置大型货运集中卸货区，再通过行车或叉车接驳转运货物至各作业区。地下中转站则是因为大型货车高度较高，局部地库净高需要增大，因此在靠近地库出入口设置集中的大型卸货区，再通过叉车运输至各作业区。

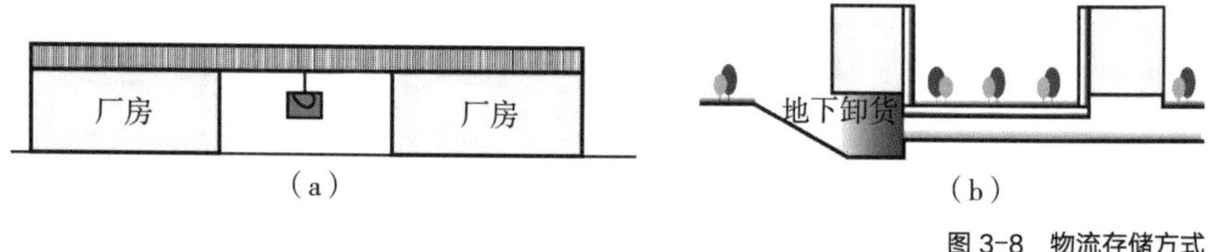

图 3-8 物流存储方式
（a）地面中转站；（b）地下中转站

可结合地势或建筑物高差实现物流存储。如利用立体高架方式实现物流存储。立体高架仓库一般是指采用几层、十几层乃至几十层高的货架储存单元货物，用相应的物料搬运设备进行货物入库和出库作业的仓库。

（2）物流运输

优化交通运输方式，如集卡运输改为火车运输，陆路运输改为水路运输，燃油车更换为新能源车，推进营运车辆的大型化、专业化和标准化等，统筹各种运输方式高效衔接，发展多式联运。采用环保节能型的物流运输设备（如生产流水线、起重设备、垂直运输设备等）和运输车辆（如电平车、根据需求使用氢气、太阳能等新能源作为动力的车辆等），节能减排效果显著，同时应设置充电、充气等补充能源的配套设施。

2）公共交通

大力发展公共交通（公交车宜优先采用节能或新能源公交车），根据厂区不同区域的公交出行需求，构建多层次、多类型的公交线网。公交线网结合厂区的空间结构规划进行布局，实现300m常规公共交通站点覆盖率不小于60%，500m公交站点覆盖率不小于90%。考虑新能源公交需求，预留公交车辆加气站、充电站等新能源供给设施所需的建设空间。遵循公交与自行车出行的快速换乘原则，考虑公共交通与慢行交通的高效换乘，在主要公交站点附近设置自行车停车场。有条件的厂区可适当发展轨道交通（如有轨电车、轻轨、地铁等），有效降低厂区私家车使用频率。

2. 慢行交通

根据不同的出行需求，遵循以人为本、安全连续、功能导向、注重衔接的原则，在厂区内的各功能组团内设置适合自行车和步行出行的慢行系统道路，融合生态安全基底格局、公共空间系统、功能布局、景观系统等复合规划，引导低碳出行，以降低机动车的使用频率，减少 CO_2 等温室气体的排放量。

综合考虑开发强度、公交设施、出行需求等因素，合理确定慢行道路宽度。步行道宽度不应小于2m，宜取2~3m。自行车道宽度不应小于2.5m，宜取2.5~3m。慢行道路可与机动车道采用绿化带或隔离栏隔离。

3. 停车系统

工业厂区停车系统主要包括机动车停车场和非机动车停放场，应形成与厂区资源条件和土地利用相协调，与对内交通系统发展战略相适应的可持续停车发展模式。

1）机动车停车场

停车场是为工业厂区社会车辆和内部车辆提供服务的，应该依据其服务对象、厂区实际需求、交通影响、建设规模，遵循分散设置、就近停靠、方便使用、不占用和不损害绿地的原则，合理规划停车场的位置、数量、规模、形式。

（1）所在位置

外来机动车停车场应该设计在厂区的出入口道路附近位置；厂区内部车辆停车场应该设置在办公区域附近，有利于满足人员的出行需求。统筹考虑厂区活动和交通运行，在确保不影响步行和自行车通行、公交设施空间，不侵占消防通道的基础上，合理布设路边停车位，减轻停车场的压力。

（2）服务半径

城市公共停车场的服务半径要求范围为200~300m，考虑到工业厂区的车流量较城市小，所以其公共停车场数量可以根据实际情况确定。

（3）建设规模

停车场的建设规模应该考虑规模的经济性和交通需求。对有大量客、货流集散的对外交通出入口，应该根据高峰日单位时间内的集散量和各种交通工具的比例，确定停车位和相应的用地规模。

规划公共停车场的总面积，可按公式（3-2）估算：

$$F=A\times n\times a \quad (3-2)$$

式中 F——厂区停车场所需总面积；

A——规划的汽车总数；

n——使用停车场的汽车百分数；

a——每辆汽车所占用的面积。

其中使用停车场的汽车百分数 n 的推荐值，在城市规划中，约为远景规划汽车总数的 5%~8%，对于工业厂区，可采用较大的百分数。

城市规划中对停车场用地（包括绿化、出入口通道以及某些附属管理设施的用地）估算时，每辆车的用地可采取如下指标：小汽车为 25~30m^2，大型车辆为 70~100m^2，自行车为 1.5~1.8m^2。

我国城市道路交通规划设计规范规定，城市公共停车场的用地总面积按规划城市人口每人 0.8~1.0m^2 进行计算。其中，机动车停车场的用地为 80%~90%，非机动车停放场的用地为 10%~20%。

（4）布局形式

按照节约土地资源的原则，宜采用屋顶停车、半地下或地下停车、地面立体停车等形式。宜将停车空间与绿化空间有机结合，鼓励建设生态停车场。

2）非机动车停放场

（1）服务半径

为鼓励员工利用非机动车（包括电动自行车、自行车）解决场地内外交通，非机动车停放场地配建指标应根据工业企业的发展情况进行制定，但应至少满足 15% 的员工需要，尺寸为 2.2m 宽、1+0.65Nm 长（N 为锁止器数量），服务半径为 50~100m。

（2）所在位置

非机动车停放场地的位置宜遵循安全便捷、因地制宜的原则，应在居住区域、公共设施、公交站点等位置周边 100m 范围内预留足够的自行车停车空间。

（3）布局形式

在非机动车停放需求较大、停放场地不足时，宜构建多层非机动车停放场、地下生态非机动车停车系统等。可充分利用机动车与非机动车之间隔离带、行道树之间、路侧绿地等空间，作为非机动车临时停放区。

3.5 绿化配置

景观碳汇是指通过景观设计和管理措施，增加生态系统对大气中二氧化碳的吸收和储存能力，从而降低温室气体的浓度。绿化系统在改善工业厂区环境品质、维护生态平衡等方面起着十分重要的作用。植被通过“蒸腾作用”和“光合作用”，吸收大量太阳辐射热、水分和空气中的热量，调节空气温度和湿度，改善场地的热环境和风环境，节约能耗。其作为固碳载体，吸收二氧化碳，释放氧气，维持环境的碳氧平衡，降低碳排放量。

3.5.1 植物配置

植物的选择和配置应遵循自然原则，注重植物生态习性、种植形式和植物群落的多样性、合理性，谨慎引入外来物种，通过绿化系统的合理配置改善场地热环境。

1. 植物物种选择

1）优先选择本地植物

植物物种的选择需考虑生长环境要求，应因地制宜，优先选择乡土植物。本地植物适应当地气候和土壤条件，易生长、耐候性强、存活率高，且充分体现地域植物资源的特点，突出地方特色。

2）宜选取管理成本低的植物

选用养护条件低、病虫害少、无毒无害、固碳能力高的植物。这类植物运营管理成本低，各种资源、能源消耗低。避免选用从原生态地区移植过来的大树或从建筑外部移植成年树木，其移栽后的养护措施较烦琐。

3）宜选取可缓解工业污染的植物

应充分考虑植物对工业污染、噪声、辐射的净化防护作用，根据车间产品和生产流程、周边环境污染的实际情况，有针对性地选择植被和树种。如：针对产生废液、废渣、废气的工业企业，宜选择可吸附有害物质的树种进行栽种；针对产生振动、噪声、电磁、辐射物理层面影响的工业企业，宜选择隔声、防护优良的树种；针对有较高防火要求的工业企业，宜选择不可燃、难燃且含水量丰富的树种。

2. 物种配置方式

合理搭配植物，根据植物的高矮、冠幅大小、环境及空间需求、生长速度快慢等不同生长差异，取长补短，以求在单位面积内充分利用土地、阳光、空间、水分、养分，提高绿地的空间利用率，达到植物最大生长量。同时注意植物立地条件、生态习性间的相生相克，减少因配置不当而引起的植物生长不良现象，使有限的绿地发挥更大的生态效益和景观效益。

1）提高物种多样性

研究表明，调控场地热环境最佳的是乔木，其次是草坪，最后是灌木。采用以乔木为主，灌木、草坪相结合的多层次复合绿化方式，其生态效益（绿容率）比同样面积的单一草坪高出很多，具有较强的生态效益，同时能展示丰富的三维空间景观效果，具有较好的景观层次和观赏价值。同时，应考虑不同物种的生态位特征，避免物种间的生态位竞争，形成结构合理、功能健全、种群稳定的复层群落结构。我国南北方乔木、灌木树木配比见表 3-2。

树木配比表　　表 3-2

地区	常绿树与落叶树配比		乔木与灌木配比
	乔木	灌木	
南方	2：1	2：1	1：5~1：3
北方	1：1	3：1	

2）营造适宜的场地环境

植物的配置应考虑风向，如北方地区冬季盛行西北风或北风，为营造适宜的风环境，可在建筑北侧布置“乔、灌、草结合”的绿化。其中，灌木、乔木、建筑自北向南依次布置，选取 1m 左右高度的灌木、高大常绿类乔木为宜。

植物的配置应考虑采光，为减轻西晒，可在建筑西侧栽种高大落叶乔木，为提高冬季日照强度，可在建筑南向种植落叶乔木，树木高度和间隔宜与建筑通风开口错开，以免影响建筑室内的自然通风。

3.5.2　绿化结构

结合工厂绿化的立地条件和工厂对绿化的功能需求，形成平面绿化、立体绿化相结合的绿地景观网络，提升工业厂区的整体生态环境和景观品质。

1. 平面绿化

遵循“点 - 线 - 面”的原则，形成以“点”状绿化为细胞、“线”状绿化为廊道、“面”状绿化为核心的层层递进式布局，如图 3-9 所示。

1）散点式绿化

散点式绿化通常以散点状分布在管理区、车间、仓库等周边，面积不大，但分布位置较广。常采用灌木、草坪等低矮植被，以雕塑、花坛、亭榭配合，适用于规模相对较小的工业厂区。此类空间是局部空间绿化的主要形

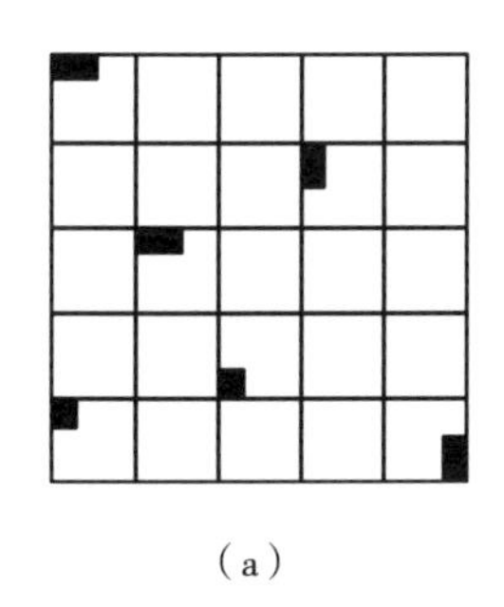

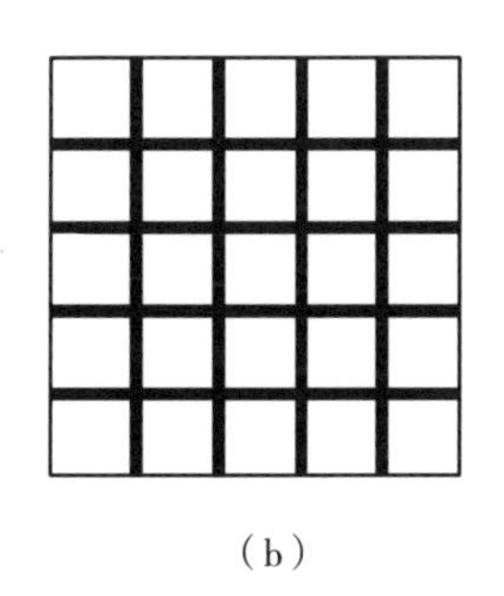

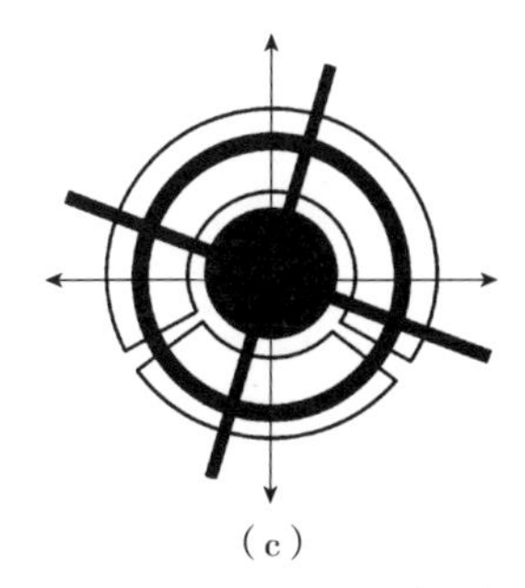

图 3-9 平面绿化形式
（a）散点式；（b）轴线式；（c）中心绿楔式

式，要考虑其可达性、分布均衡性，从而达到空间质量的均好性。

2）轴线式绿化

轴线式绿化通常以条带状分布在工业厂区内部道路、高压走廊、河流水系等线性要素周边。常顺应季节、建筑样式、周边环境栽种适宜的灌木、乔木等植被，以行列式植被呈现，并结合草坪、植草砖等进行建设，形成纵横交织的景观系统，从而实现工业厂区不同层次的网络状绿化空间。

3）中心绿楔式绿化

中心绿楔式绿化通常利用场地地形、原有景观植被等要素，形成规模较大的集中绿地，对内主要供员工休闲娱乐，对外展示工业厂区形象。宜设置观赏价值较高的植物，可结合座椅、球桌、球场等休憩或娱乐设施，或具有特色的景观雕塑小品、展示设施布置。为具有良好的可达性与实用性，应将其游览路线与生活区、工作区统一考虑，形成工业园区的特色和标志性景观。

2. 立体绿化

立体绿化是指植物栽植、依附或铺贴于各种建筑物、构筑物、其他空间结构上，如建筑墙面、阳台、屋顶、坡面、棚架、栅栏、柱，包括墙面垂直绿化、屋顶绿化、护坡绿化、棚架绿化等形式，如图 3-10 所示。立体绿化具有丰富的景观层次，属于节地型园林形式，能够使有限的土地资源最大程度地发挥绿化的生态功能和环境效益。

1）墙面垂直绿化

墙面垂直绿化是占地面积最小、绿化面积最大的立体绿化形式，指用攀缘或铺贴方法用植物装饰建筑物的内外墙和各种围墙的形式，利用支架、防水层、种植介质和水循环系统，来支持植物在垂直面上的生长。常选择爬山虎、紫藤、常春藤、凌霄、络石、爬行卫矛等价廉物美且有一定观赏性的植物。

但在进行具体物种选择时，应根据墙面朝向的不同，选择生长习性不同

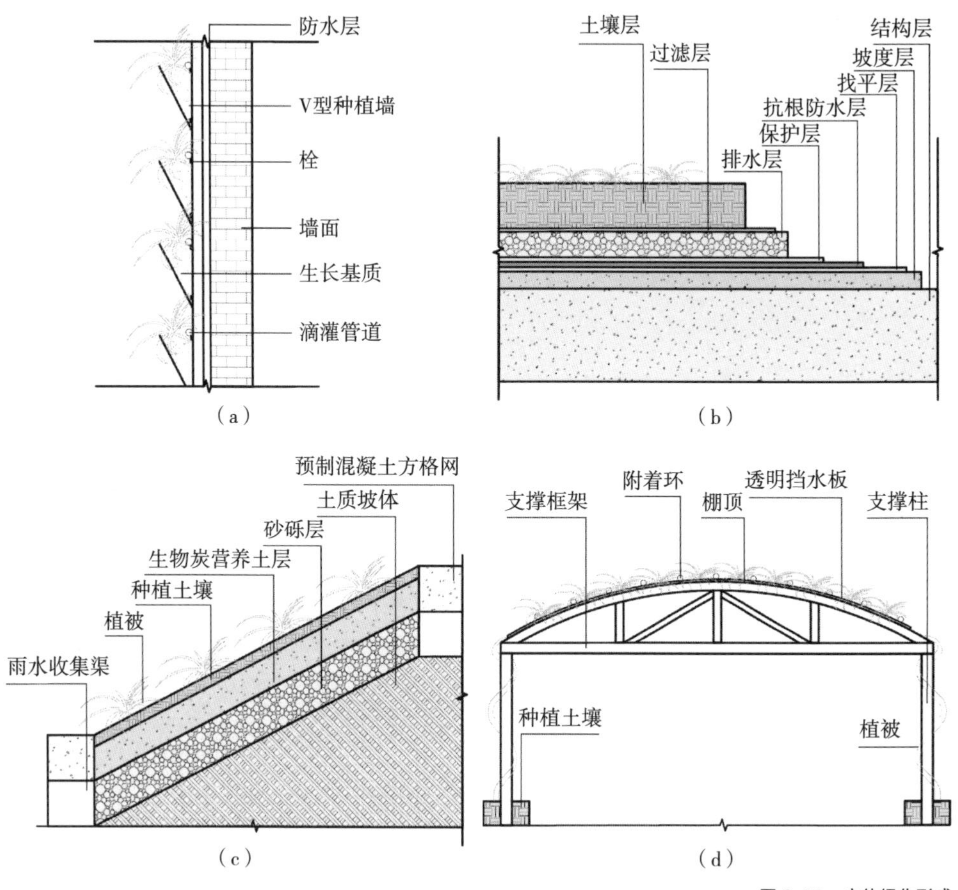

图 3-10 立体绿化形式

（a）墙面垂直绿化；（b）屋顶绿化；（c）护坡绿化；（d）棚架绿化

的攀缘植物。凌霄喜阳，耐寒力较差，可种在向阳的南墙下；络石喜阴，且耐寒力较强，适于栽植在房屋的北墙下；爬山虎生长快，分枝较多，种于西墙下最合适。墙面材料的不同，也会影响植物的攀附效果。植物在水泥混合砂浆和水刷石等粗糙墙面上的攀附效果最佳，在石灰、油漆、涂料等光滑墙面上的攀附效果较差。因此，在设计垂直绿化时，可通过结构加固保障安全。

2）屋顶绿化

屋顶绿化是指在建筑物或构筑物的顶部、天台、露台之上进行的绿化形式。利用植被层、种植土、过滤层、排（蓄）水层、保护层、隔离层、耐根穿刺防水层、屋面的基本构造层，实现植物生长。花卉常采用春天的榆叶梅、春鹃、迎春花、栀子花、桃花、樱花；夏天的紫藤、夏鹃、石榴、含笑；秋天的海棠、菊花、桂花；冬天的茶花、蜡梅、茶梅等。草坪常采用佛甲草、高羊茅、天鹅绒草、麦冬、吉祥草、美女樱、太阳花等。

根据屋面的坡度和承受荷载的情况，可以采用地被式种植（仅种植草坪、低矮灌木）、花园式种植（种植乔木、灌木、草坪、花卉等各类植物）等不同方法，同时可结合容器、棚架进行布置。

3）护坡绿化

护坡绿化指以环境保护和工程建设为目的，利用各种植物材料来保护具有一定落差的坡面的绿化形式。河、湖护坡具有一面临水、空间开阔的特点，应选择耐湿、抗风、有气生根且叶片较大的攀缘类植物，不仅能覆盖边坡，还可减少雨水的冲刷，防止水土流失。例如适应性强、性喜阴湿的爬山虎，较耐寒、抗性强的常春藤等。道路、桥梁两侧坡地绿化应选择吸尘、防噪、抗污染的植物，而且要求不得影响行人及车辆安全，并且要姿态优美的植物。如叶革质、油绿光亮、栽培变种较多的扶芳藤，枝叶茂盛、一年四季都可以看到成团灿烂花朵的三角梅等。

4）棚架绿化

植物借助各种构件攀缘生长，用以围护和划分空间区域的绿化形式，具有一定的开放性和通透性。棚架绿化的植物布置与棚架的功能和结构有关。砖石或混凝土结构的棚架，可选择种植大型藤本植物，如紫藤、凌霄等；竹、绳结构的棚架，可种植草本的攀缘植物，如牵牛花、啤酒花等；混合结构的棚架，可使用草本和木本攀缘植物结合种植。

第4章

工业建筑低碳设计策略

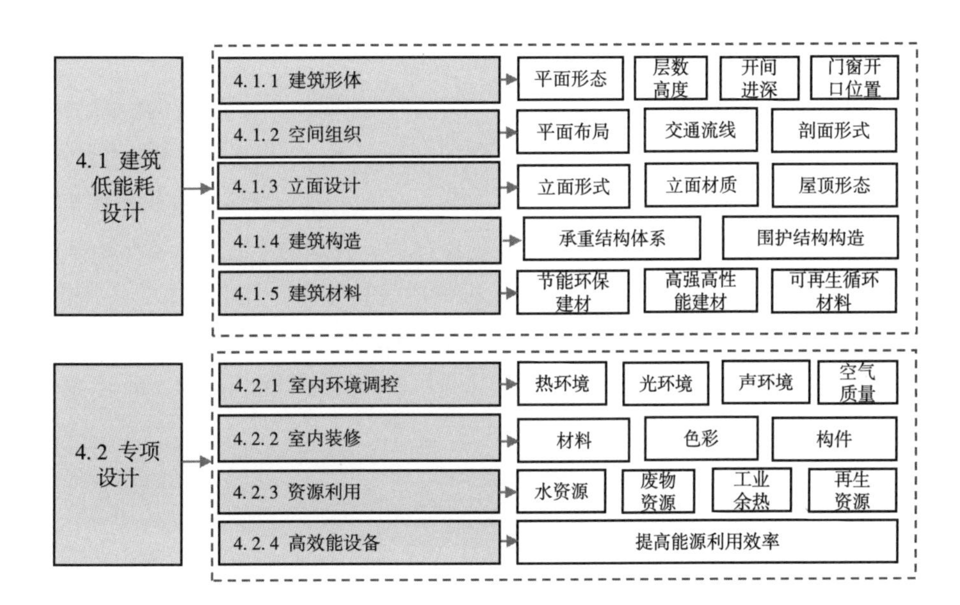

在实现建筑低能耗的过程中，建筑设计扮演着至关重要的角色。建筑师需要综合考虑建筑形体、空间组织、立面设计、建筑构造和建筑材料等多个关键因素，将低碳节能理念融入建筑设计的每一个环节。

4.1.1 建筑形体

建筑形体作为建筑的基本框架，其形态、尺度、开口位置对能耗有着直接影响。通过合理的形体设计，可以显著优化建筑的采光、通风和热工性能，从而有效降低能耗。例如，采用紧凑的建筑形体可以减少建筑表面积，从而减少热传导和能量损失；合理的平面形态和布局有利于形成建筑的自遮阳效果，减少太阳辐射的直接照射，降低建筑的得热量；依据所在地区主导风向、太阳高度角和室内功能需求进行优化设计，选择适当的建筑开口位置，可以最大限度地利用自然光照和风力资源，降低对人工照明和机械通风的依赖。

1. 平面形态

为了使厂房形成良好的自然通风、采光，提高厂房建筑内部的生产条件，且满足生产工艺的完整性和交通疏散的要求，厂房平面宜设计成“L”形、“U”形、“E”形、“工”形、“口”形等，如图 4-1 所示。

1）“L”形

“L”形是将平面分成两个相互贯通的生产区域，在平面两端布置楼梯和电梯相结合的交通空间，中间衔接部分组合布置生活服务空间与交通空间。

2）“U”形

“U”形是由两组矩形平面平行组合而成，生产车间布置在两个相互分离且面积较大的矩形空间内，交通空间和生活服务空间布置在平面的中间连接部。

3）“E”形

当生产量较大、厂房需求面积较大时，可将厂房平面设计为“E”形。

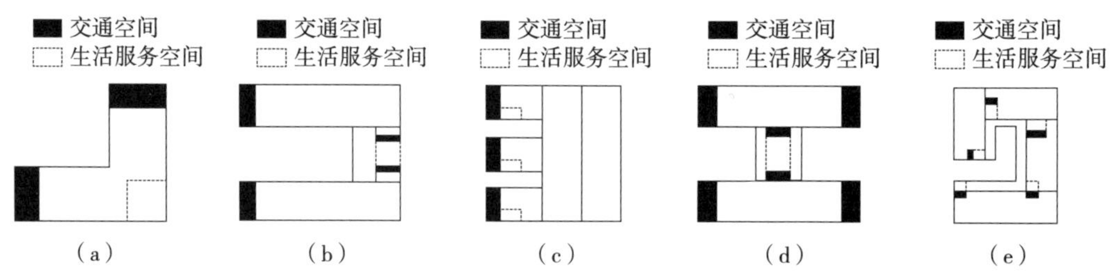

图 4-1 厂房平面形态
(a)“L”形；(b)“U”形；(c)“E”形；(d)“工”形；(e)“口”形

大体量矩形平面布置生产车间，保证生产面积相对集中，与矩形平面垂直方向采用多个凸出的小体块，布置交通空间和生活服务空间。

4）“工”形

“工”形是为了满足消防疏散和生产运输的要求，由两个矩形生产平面单元和一个连接体块组合而成。中间连接体块布置交通空间和生活服务空间，并在每个矩形生产平面的端部设置一个垂直交通空间。

5）“口”形

“口”形是由四个矩形平面围合而成，也称为天井式平面。为了满足消防疏散要求，平面形式不做成封闭式，而是在某一朝向上保留一个开口。此平面外墙面积相对较小，冬季可以减少由于外墙热量损失造成的能量消耗，夏季可以减少进入室内的太阳辐射，有利于防暑降温。

2. 层数高度

厂房高度指室内地面（相对标高定为 ±0.000m）到柱顶（倾斜屋盖最低点或下沉式屋架下弦底面）的距离。高度对能耗的影响与建筑物体形系数有关。体形系数是建筑外表面积与体积之比，它受到建筑的平面尺寸、凹凸和高度的影响。一般而言，随着建筑高度的增加，体形系数可能减小，意味着平均每层的能耗可能降低。这是因为高层建筑具有更小的表面积与体积比，从而使热量传递和散失的表面积有所减少。然而，这并不意味着建筑高度越高，能耗就越低。实际上，当建筑超过一定高度后，施工成本会急剧增加，同时维护和管理费用也会变得非常昂贵。因此，建筑高度与低能耗之间的关系并不是简单的线性关系，在对建筑高度的确定过程中，需要同时考虑施工成本、维护费用等其他因素。

厂房层高应符合《厂房建筑模数协调标准》GB/T 50006—2010 中要求的扩大模数 3m 数列。层高的选择不仅受生产车间、辅助空间、交通空间等不同功能空间需求的影响，同时也受结构形式、采光通风要求等因素的限制。生产车间的层高主要取决于厂房内生产设备、管道敷设、安装检修等所需空间的净高。辅助空间、交通空间的层高主要取决于人体活动所需基本尺度要求，同时宜与所在厂房建筑的高度相协调，为建筑的空间形态及立面造型创造良好条件。

单层厂房通常不低于 3.9m。多层厂房经济层数是 4~5 层，6~7 层厂房也较为常见，常用层高有 4.2m、4.5m、4.8m、5.1m、5.4m、6.0m 等。当生产设备特别高大时，可通过楼层局部抬高或降低的方式来满足要求。

3. 开间进深

工业建筑的开间进深与主要承重结构有关。根据工艺上生产所需要的面

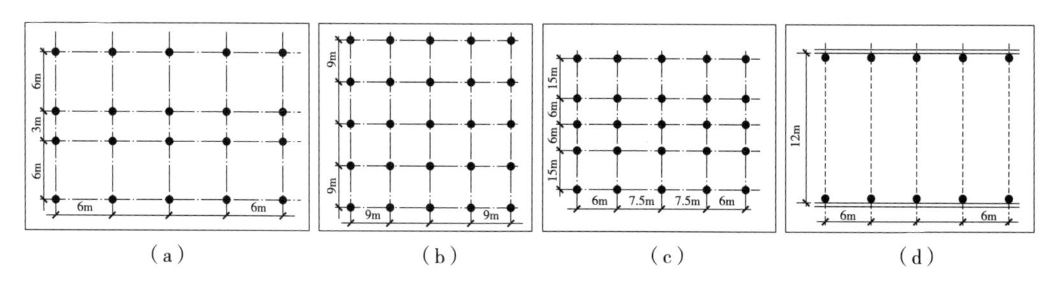

图 4-2 开间进深尺度

（a）内廊式柱网；（b）等跨式柱网；（c）对称不等跨式柱网；（d）大跨度式柱网

积和空间，通过技术经济比较、实际施工的可行性分析，选取适宜的结构方案，确定柱网的跨度、数量。生产厂房横向一般采用 4~6 个柱距，纵向一般采用 3~5 个柱距。柱网通常采用内廊式、等跨式、对称不等跨式、大跨度式四种类型，如图 4-2 所示。

1）内廊式柱网

内廊式柱网适用于零件加工、装配等工业厂房，跨度一般取 6m、7.5m，内廊一般取 2.4m、3m。

2）等跨式柱网

等跨式柱网适用于仓库、轻工、仪表、机械等工业厂房，跨度一般不小于 9m。

3）对称不等跨式柱网

对称不等跨式柱网适用于仓库、轻工、仪表、机械等工业厂房，跨度一般取 6m+7.5m+7.5m+6m、15m+6m+6m+15m、9m+12m+9m。

4）大跨度式柱网

大跨度式柱网适用于大型机械厂房，跨度不小于 12m。

4. 门窗开口位置

多数情况下，建筑的通风和采光通过门、窗洞口来实现。开口的朝向、位置直接影响进风量、风速、气流路线、光线的入射角度、室内光照强度、照度均匀性、温湿度等。适宜的开口位置，可使建筑有良好的采光通风条件；不适宜的开口位置，会导致过度日晒、眩光，影响生产设备的寿命、生产环境的舒适度等。应根据建筑的功能和使用需求来确定开口位置，不同功能的建筑对采光通风的需求是不同的，相对于住宅建筑对于采光通风的较高需求，工业厂房则可能更注重通风效果。

1）开口平面位置与朝向

当开口设置在相对的两面外墙上时，如果开口正对着主导风向，气流会笔直穿过，对室内空间的影响较小，如图 4-3（a）所示。因此，开口朝向宜与主导风向呈一定夹角，以增大气流对室内空间的影响。当开口朝向只能与

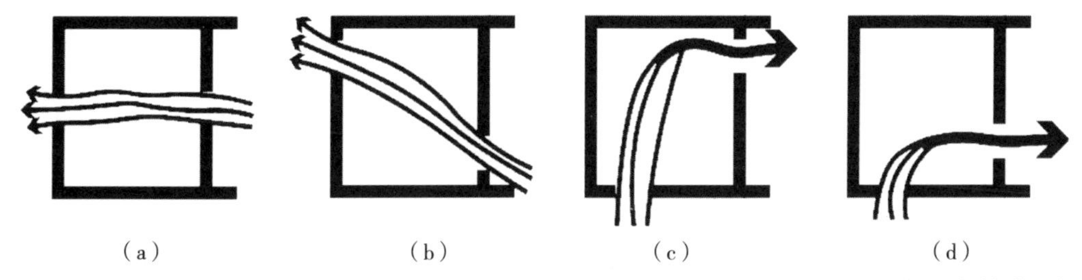

图 4-3　开口的不同平面位置对室内气流流场的影响
（a）窗位置正对影响小；（b）窗位置错开影响大；（c）窗距离大影响大；（d）窗距离小影响小

主导风向垂直时，可以通过采用在平面位置上错开的两个相对的开口，来改变气流方向，增大气流影响，如图 4-3（b）所示。

当开口设置在相邻的两面外墙上时，开口朝向最好与主导风向垂直，且开口设置的平面位置距离越大，风流对室内的影响越大，如图 4-3（c）、图 4-3（d）所示。

在北半球，通常建议建筑开口主要位于南立面，东立面次之，因为这样可以最大限度地接收冬季的太阳辐射，使得室内获得充足的光照。北立面、西立面也可以考虑设置适量的开口，但需要注意避免西立面日晒。可以通过采取遮阳设施，如遮阳板、百叶窗或植物，来调节光线进入室内的数量和方向。

2）开口的竖向位置与形状

开口的竖向位置可以影响气流在竖向上的方向和分布。进风口在竖向上的位置对室内自然通风效果的影响比出风口大得多。当在外墙低处设置进风洞口时，气流进入室内，呈向下部运动趋势；当在外墙面较高位置处设置进风洞口时，气流进入呈向上部运动趋势，因此，为满足自然通风的需求，应合理设置进、排风口的高度差。采用高进风口、低出风口，如图 4-4（a）所示，以及高进风口、高出风口，如图 4-4（b）所示，对建筑通风散热不利，而采用低进风口、低出风口，如图 4-4（c）所示，以及低进风口、高出风口，如图 4-4（d）所示，对建筑通风散热有利。

一般而言，1.5m 左右高度的气流对室内通风散热、提高人体舒适度最为有利，因此进风口的高度要接近人的活动区域。为保证室内污浊空气、热空气顺利排出室外，尽可能在下风向墙面较高的位置设出风口。可以通过改变窗台高度、外墙面设导风构件等，改变室内的气流场。

图 4-4　开口的不同竖向位置对室内气流流场的影响
（a）高进风口、低出风口；（b）高进风口、高出风口；（c）低进风口、低出风口；（d）低进风口、高出风口

当窗台高度、开口面积相同时，不同高度的开口对室内照度分布的影响显著不同。竖长方形开口在进深方向上照度均匀性好，横长方形开口在宽度方向上照度均匀性好。对室内的光通量而言，竖长方形优于横长方形，如图 4-5 所示。

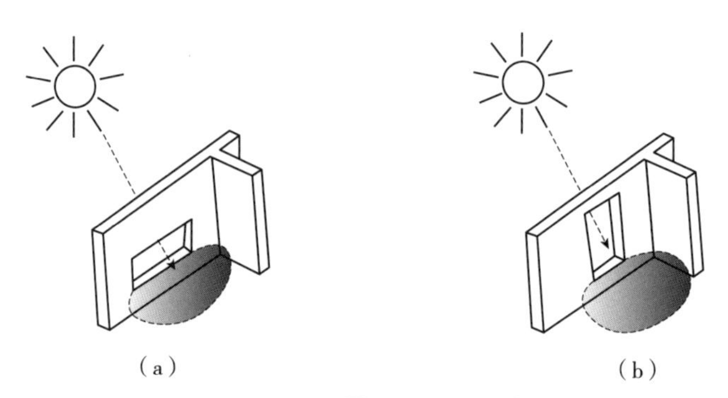

图 4-5 不同开口高度对室内照度的影响
（a）横向长窗对室内照度的影响；（b）纵向长窗对室内照度的影响

3）窗墙比

通过控制建筑窗墙比实现节能目标。窗墙比（Window-to-Wall Ratio，WWR）是衡量建筑能耗的重要参数，它定义为窗洞面积与所在墙面总面积的比值。窗墙比直接影响建筑的热损失和得热，建筑的窗墙比越大，窗户相对于墙体来说单位面积的热损失更大，对窗户的保温性能和遮阳性能要求就越高。根据节能设计的相关规范，如《民用建筑热工设计规范》GB 50176—2016 等，一类工业建筑的总窗墙面积比应控制在 0.50 以内。这一限制有助于平衡采光、通风和节能需求，确保建筑整体的能源效率。

4.1.2 空间组织

空间组织是建筑设计的核心，涉及建筑内部空间的划分、功能布局和流线设计。合理的空间组织能够提高空间利用率，减少不必要的能耗。例如，将需要自然采光和通风的区域布置在靠近建筑外部的位置，可以最大化地利用自然光照和新鲜空气，减少对人工照明和空调系统的依赖，从而降低能耗。相反，将辅助空间或设备区域布置在建筑内部或地下，以实现能量的高效利用。优化流线设计可以减少人们在建筑内部的移动距离，降低因人员流动而产生的交通能耗。通过这些策略，空间组织不仅能够提升建筑的功能性和舒适度，还能实现能量的高效利用，为建筑节能做出重要贡献。

1. 平面布局

工业厂房以生产功能为主，主要进行生产与维修，同时兼有储存生产资料与产品、员工管理办公等辅助功能。具体而言，工业厂房的功能类型主要分为以下几类：

生产功能——包括：车间、修理间；

管理功能——包括：管理室、资料室、办公室、设备间、监控室等；

库房功能——包括：仓库等；

交通功能——包括：水平交通、垂直交通。

在满足工艺需求的基础上，建筑平面布局应进行合理功能分区，为使管理、库房等辅助功能与生产功能联系方便，可将辅助功能空间设置在生产功能空间的侧面，与生产功能空间毗连，或设置在厂房内部，充分利用厂房空余区域，但在设计时需考虑生产功能空间被挡一侧的采光通风，如图 4-6 所示。

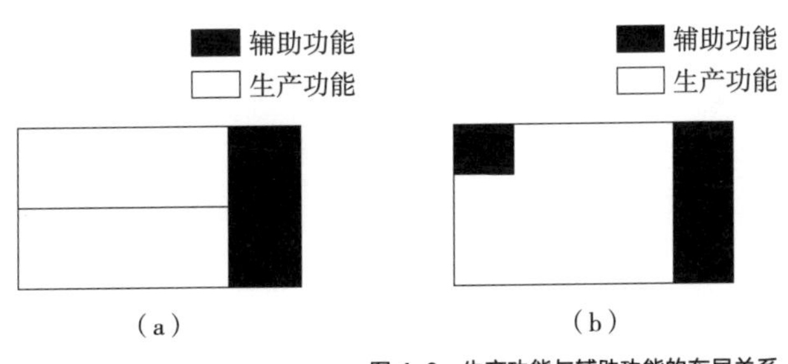

图 4-6　生产功能与辅助功能的布局关系
（a）与厂房毗连；（b）设置在厂房内部

2. 交通流线

厂房建筑的平面布置围绕人员流线与货物流线进行。目的是实现人、货分流。其中，人员流线又可以分为管理流线与工人流线，分别对应平面的管理功能模块与生产功能模块，货物流线则对应平面的库房功能模块。因此，根据人、货分流的程度，厂房交通流线主要分为完全分流型、人货分流型两种，如图 4-7 所示。

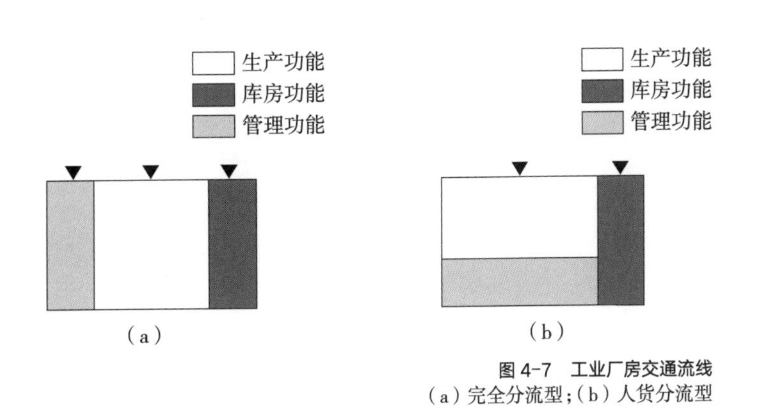

图 4-7　工业厂房交通流线
（a）完全分流型；（b）人货分流型

1）完全分流型

完全分流型指管理流线、工人流线与货物流线完全分流，大型工业厂房，如加工厂、修理厂等，主要采用此种类型。

2）人货分流型

人货分流型指工人流线与货物流线分流，小型工业厂房，如小型工坊、制造车间等，主要采用此种类型。

同时，工业厂房应增加垂直交通，从功能分区来说，垂直交通更能增加工作效率。电梯应按使用人群分为客梯和货梯，电梯应设置在人与物路线的相交点，洁和污分开，且不影响办公空间、生产空间内的工作流程。

3. 剖面形式

建筑剖面的形式直接影响建筑内通风效果。一般来说，有时为达到最大的建筑通风效果，建筑剖面形式的选择往往是对各种通风方式的呼应。热压通风模式一般是由人的一些活动、太阳辐射热、建筑内部设备运转产生热量，以及外围护结构的辐射热造成室内上下空间存在温度差异形成压力差，引起室内外气流的流动，室内高温气体上升导致底部气压减少，室外空气自底部进入补偿空缺的气压，实现空气循环流动。

热压通风效果的好坏取决于三个因素：其一，从原理上讲，室内外温差越大，热压通风效果越明显；其二，从气流路径上讲，室内外的贯通程度越大，空气流动速度越快，相对来说，建筑的剖面形式受热压通风的影响较大。其三，从空间体积上讲，室内空间越大，空气流动速度越快，热压作用越明显。

因此在具体剖面设计中，常在建筑内设置中庭、边庭、楼梯间、通风塔等腔体空间，或是坡屋面等，以加强风流在垂直方向上的流动，如图 4-8 所示。其他出现的各种不同剖面形式基本上是在这几种模式基础上的变异及演化。

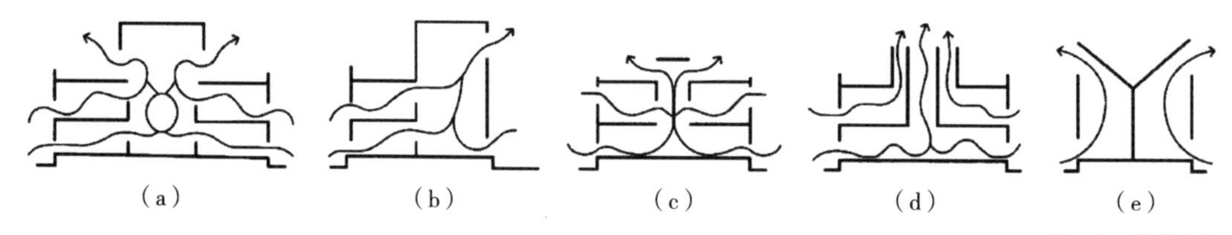

图 4-8　剖面形式
（a）中庭；（b）边庭；（c）楼梯间；（d）通风塔；（e）坡屋面

4.1.3　立面设计

立面是建筑外观的展示，同时也是实现建筑节能的关键环节。对于厂房建筑而言，立面不仅需要贴合产业类型以传达其独特性格，更应融入节能设计理念。在选择立面材料时，应优先考虑其热工性能和耐久性，比如低辐射玻璃能减少太阳热量透过，而高质量的保温材料则有效降低热量流失。此外，合理的遮阳系统设计，如遮阳板、百叶窗或绿化措施，能够控制太阳辐射并降低建筑的冷热负荷。同时，立面的绿化集成不仅增加了建筑的美观度，还提供了额外的隔热和降温效果。在设计细节上，如窗框的密封性和接缝处理，也需精心考虑以确保建筑的气密性和水密性，减少能量的无效损失。

1. 立面形式

由于工业企业生产工艺、生产规模及生产设备特点的不同，会形成不同的平面和剖面，影响厂房的立面造型。因此在立面设计时，整体风格不仅应反映生产工艺特征，还要结合地域及文化的精神，并且要彰显现代工业建筑的时代特征，同时应符合建筑美学的原则。

不同类型工业厂房的窗墙比往往不同，由此产生不同的立面效果。可以通过控制立面窗面积，创造不同的建筑气质。工厂厂房的立面应以实为主，以此展现出稳重、敦实之感，但可适当提高窗墙比，增强明快、轻巧的空间感受，并适当结合立体绿化、暖色木质格栅，体现建筑的生态、绿色、低碳主题。

为片面追求美观而以较大的资源消耗为代价，不符合低碳建筑的基本理念。工业厂房以生产功能性为主，在设计中应控制单纯以视觉造型和美观为目的而使用装饰性构件，做到建筑造型要素简约，装饰性构件适度。允许出现具备遮阳、导光、导风、承载和辅助绿化等功能的板、格栅和构架等建筑构件，但不应单纯为追求标志性效果设立塔、球、曲面或特殊造型等。

2. 立面材质

玻璃幕墙用于工业建筑的主要厂房、库房等，存在能耗增大、易结露、造价高、光污染等诸多问题，因此不提倡在主要生产及辅助车间的外围护结构中采用。

关于工业建筑外墙饰面材料，近年有些工厂选择带金属光泽的氟碳涂料和其他高反光的白色、浅色系涂料，或者浅色、具有金属光泽的瓷砖等各种饰面板材，其光污染的评价目前尚无对应的国家标准，可比照玻璃幕墙的光污染评价掌控。

在建筑立面上还可以应用立体绿化，在进行遮阳的同时，加强夏季的自然通风效果。可在外墙上设计种植花构，在构架上设置自动喷淋设施，仿照“双层表皮”原理，形成一道绿色屏障，构架与墙面之间的空气潮湿层则形成通风井，不仅美观，还加强了自然通风效果，带走了墙面上的热量。

3. 屋顶形态

屋顶的形态影响室外风压和自然通风效果。在风压作用下，无论风向如何，平屋面均处于负压区；非平屋面的压力分布随屋面变化而发生变化，屋顶室外自然通风效果较好，但是对于室内热压自然通风则较为不利，会引起屋面气流倒灌进室内空间，从而与室内上升的热压气流混合，减弱室内自然通风。常见的屋顶形态有坡屋顶、拱形屋顶、曲面屋顶、多波式折板屋顶四种，如图 4-9 所示。

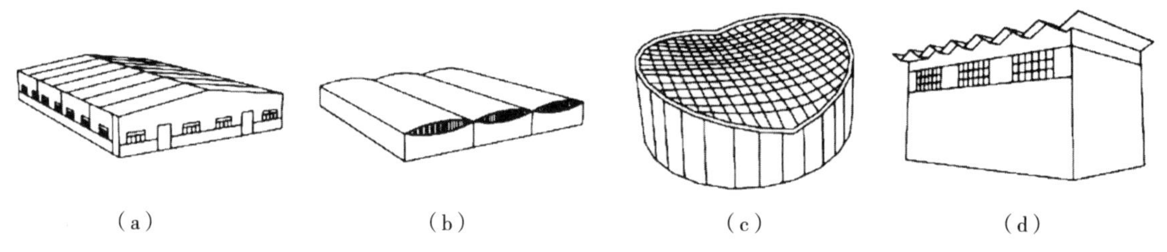

（a）　（b）　（c）　（d）

图 4-9　屋顶形态
（a）坡屋顶；（b）拱形屋顶；（c）曲面屋顶；（d）多波式折板屋顶

1）坡屋顶

坡屋顶具有较大的坡度，能够有效地排水，防止雨水积聚。这种屋顶形式适用于多雨地区或需要良好排水性能的建筑。坡屋顶可以采用多种材料建造，如瓦片、金属板等，具有较好的耐久性和美观性。

2）拱形屋顶

拱形屋顶是一种具有大跨度的屋顶形式，由多个拱形结构组成。这种屋顶形式能够提供良好的空间利用率，适用于需要大跨度空间的工业建筑。拱形屋顶通常采用钢结构或钢筋混凝土结构建造，具有较好的稳定性和耐久性。

3）曲面屋顶

曲面屋顶的形状多样，如球面、双曲抛物面等。这种屋顶形式能够创造出独特的建筑外观，同时具有良好的结构性能。曲面屋顶通常采用钢结构或钢筋混凝土结构建造，能够承受较大的荷载，适用于大型工业建筑。

4）多波式折板屋顶

多波式折板屋顶是由钢筋混凝土薄板制成的一种多波式屋顶，折板厚约60mm，折板的波长和跨度以及折板的倾角都有特定的设计标准。按每个波的截面形状，又有三角形及梯形两种。

需要特别强调的是，曲面屋顶和拱形屋顶通常用于大跨度工业建筑，因为它们能够提供更好的结构稳定性和空间利用率。这些屋顶形态还往往具有独特的美学价值，能够提升建筑的整体形象。

4.1.4 建筑构造

建筑构造是建筑的骨架，不仅关系到建筑的稳定性和安全性，还直接影响建筑的长期使用效能和能源消耗。例如，合理布置承重结构体系和支撑体系，确保建筑的安全性，降低因结构不稳定导致的维修成本增加；充分考虑围护结构的保温隔热性能，采用高效保温隔热的构造方式，可以有效降低建筑的传热系数和冷热桥效应，从而减少能量的流失。在构造的细部处理上，如接缝、节点和穿透点的密封性，也应给予足够的重视，以减少空气渗透，降低能耗。同时，考虑建筑的全生命周期，从设计、施工到运营和维护，都应贯彻可持续设计理念，以实现建筑的长期节能和环保。

1. 承重结构体系

采用资源消耗少和环境影响小的承重结构体系。这类结构体系主要包括：钢结构体系、新型砌体结构体系、重型木结构体系和基于建筑工业化的装配式钢筋混凝土结构体系。

1）钢结构体系

目前我国工业厂房多使用钢结构。钢结构是由钢柱和钢梁组成的空间刚架，它灵活多变、可塑性高，能够满足各种工业建筑的功能需求，使得建筑师能够创造出更加宽敞、灵活的内部空间，提高了空间利用率。同时，它具有强度高、自重轻、施工快、抗震性能优越等优点，能带来显著的经济效益。并且在建筑使用功能终止后，钢结构材料部件可重复使用，废弃钢材可回收利用，资源化再生程度可达 90% 以上，有利于节约资源和保护环境。

跨度较小、单层的厂房通常采用轻钢结构，主要使用轻钢龙骨和夹芯板等材料，其厚度仅有 2~4mm，结构相对较轻，并具有一定的柔韧性。相较于钢结构，在经济性方面更具优势。

跨度较大、多层的厂房一般采用钢框架，主要使用 Q235B 和 Q355B 等钢材作为主要结构材料，其厚度通常在 10~100mm 之间，具有很高的强度和稳定性。

2）新型砌体结构体系

砌体结构是指采用块材（砖、石、新型砌块等）和胶凝材料砌筑成的墙、柱等作为建筑物主要受力构件的结构。我国传统砌体结构多采用砖石结构，随着新技术发展、绿色环保要求和功能需求的增加，很多新型砌体材料应运而生，替代烧结黏土砌块（黏土实心砖、黏土空心砖等）在工业中得到广泛应用。

新型砌体结构体系主要有无筋砌体结构体系、配筋砌体剪力墙结构体系、钢筋混凝土与砌块约束结构体系、预应力砌体结构体系等。

无筋砌体结构体系——指含筋量小于 0.07% 的砌体结构。

配筋砌体剪力墙结构体系——指利用砌块砌体的竖向孔洞和水平凹槽布置水平向和竖向受力钢筋，浇筑专用的灌芯混凝土形成配筋砌体剪力墙结构，它与钢筋混凝土剪力墙结构类似，强度高、延性好、抗震能力强、用钢量较低、施工方便（不用模板），适用于多层工业厂房。

钢筋混凝土与砌块约束结构体系——指在混凝土砌块砌体的边缘（或局部）设置构造柱或芯柱形成的结构体系，它有效提高了建筑整体性和变形能力，承载能力强，抗震性能好，适用于位于地震带的工业建筑。

预应力砌体结构体系——指砌体的芯柱或构造柱中施加预应力以增强砌体的抗震性能，具有强度高、抗裂性好、施工方便等优点。

3）重型木结构体系

重型木结构是指承重构件主要采用层板胶合木构件制作的结构体系，构件之间主要通过螺栓、销钉、剪板以及各种金属连接件进行连接，适用于大跨度、大空间的单层工业厂房。

我国古代建筑已经形成了成熟的木结构体系，诸如抬梁式、穿斗式、井干式等。首先，木材作为一种易再生的资源，具有极高的可持续性。尤其是一些速生林，其再生周期短，通过科学的林产管理，可以实现种植与利用的平衡，确保资源的永续利用。这种特性使得木结构体系在工业建筑中成为一种环境友好的选择。不仅如此，木材的绿色环保特性也是其显著优势之一。在木材的生产、加工和使用过程中，其能耗相对较低，且对环境的污染也较小。相较于传统的钢铁、水泥等高能耗建材，木材在节能减排方面展现出了明显的优势。因此，采用木结构体系不仅可以减少能源消耗和环境污染，更符合当前倡导的绿色建筑发展理念。此外，木结构体系能够适应多种气候环境，保温隔热效果好。木材的导热系数低，使得木结构建筑在保温隔热方面表现出色。这不仅可以提高建筑的舒适度，还可以降低室内热环境调控的能耗，实现节能减排的目标。

在实际应用中，应按照设计年限考虑对关键部位的木构件做好抗腐蚀、增加耐久性等方面的措施，防护手段对延长建筑结构的使用寿命、确保结构的安全性等有重要意义。

4）装配式钢筋混凝土结构体系

预制装配式建筑体系是目前建筑工业化施工工艺的主要形式。在结构体系上，包括框架结构、剪力墙结构、框架—剪力墙结构等形式。在结构材料上，目前国内外应用较多的是装配式钢筋混凝土结构体系。

预制装配式建筑体系以其独特的优势，在工业建筑领域获得了广泛应用。该体系中的主体结构构件、楼梯、门窗等大部分在工厂进行标准化加工生产，随后运送至施工现场，应用钢筋锚固后浇混凝土连接等方法进行装配，确保了结构的稳固与安全。钢筋连接则采用先进的套筒灌浆连接、焊接、机械连接及预留孔洞搭接连接等技术，极大地提高了施工效率和质量。

预制装配式建筑体系具有诸多优点。首先，其基本构件种类较少，构造简单，自重轻，便于运输和安装。其次，由于大部分工作都在工厂完成，生产效率高，施工速度快，显著减少了现场作业量，特别是湿作业，从而降低了施工成本。此外，由于构件的标准化和模块化设计，建筑空间布局更加灵活，能够有效增加建筑使用面积，提高空间利用率。

2. 围护结构构造

工业建筑按照环境控制方式及能耗分为一类工业建筑和二类工业建筑。其中，一类工业建筑依靠供暖、空调对建筑环境进行控制，此类建筑的节能设计原则是通过围护结构保温和供暖系统节能设计，降低冬季供暖能耗；通过围护结构隔热和空调系统节能设计，降低夏季空调能耗。二类工业建筑依靠通风对建筑环境进行控制，其节能设计原则是通过自然通风设计和机械通风系统节能设计，降低通风能耗。不同的环境控制方式及能耗决定了工业建筑节能方式的不同。

一类工业建筑围护结构传热系数限值与气候条件和建筑体形系数有关。严寒和寒冷地区室内外温差较大，建筑体形的变化将直接影响一类工业建筑供暖能耗的大小。在一类工业建筑的供暖耗热量中，围护结构的传热耗热量占有很大比例，建筑体形系数越大，单位建筑面积对应的外表面面积越大，传热损失就越大。因此，从降低冬季供暖能耗的角度出发，一定要对严寒和寒冷地区一类工业建筑的体形系数进行控制，以更好地实现节能目的。此外，由于窗的传热系数远大于墙的传热系数，窗墙面积比过大会导致供暖和空调能耗增加；屋顶透光部分面积过大会导致冬季散热面积大，导致供暖能耗增加；夏季屋顶水平面太阳辐射强度最大，屋顶透光面积越大，相应的建筑的空调能耗也越大。因此，从降低建筑能耗的角度出发，必须对窗墙面积比以及屋顶透光部分予以严格的限制。部分气候分区中一类工业建筑围护结构的热工性能传热系数限值见表 4-1 和表 4-2，其余气候分区围护结构传热系数限值详见《工业建筑节能设计统一标准》GB 51245—2017。

严寒 A 区围护结构传热系数限值　　表 4-1

围护结构部位	传热系数 K[W/（$m^2 \cdot K$）]		
	$S \leqslant 0.10$	$0.10 < S \leqslant 0.15$	$S > 0.15$
屋面	≤ 0.40	≤ 0.35	≤ 0.35
外墙	≤ 0.50	≤ 0.45	≤ 0.40

续表

围护结构部位		传热系数 K[W/（m^2·K）]		
		$S \leqslant 0.10$	$0.10 < S \leqslant 0.15$	$S > 0.15$
立面外窗	总窗墙面积比≤ 0.20	≤ 2.70	≤ 2.50	≤ 2.50
	0.20 <总窗墙面积比≤ 0.30	≤ 2.50	≤ 2.20	≤ 2.20
	总窗墙面积比> 0.30	≤ 2.20	≤ 2.00	≤ 2.00
屋顶透光部分		≤ 2.50		

注：S 为体形系数。

夏热冬冷地区围护结构传热系数和太阳得热系数限值　　　　表 4-2

围护结构部位		传热系数 K[W/（m^2·K）]	
屋面		≤ 0.70	
外墙		≤ 1.10	
外窗		传热系数 K[W/（m^2·K）]	太阳得热系数 $SHGC$（东、南、西 / 北向）
立面外窗	总窗墙面积比≤ 0.20	≤ 3.60	—
	0.20 <总窗墙面积比≤ 0.40	≤ 3.40	≤ 0.60/—
	总窗墙面积比> 0.40	≤ 3.20	≤ 0.45/0.55
屋顶透光部分		≤ 3.50	≤ 0.45

对于二类工业建筑，其建筑节能设计方法与民用建筑有显著差异，相对于民用建筑，二类工业建筑通常存在很大的余热强度和通风换气次数。因此，除气候分区外，室内余热强度和通风换气次数是影响二类工业建筑环境控制方式和节能设计方法的主要因素，体形系数和窗墙比对围护结构传热系数的影响较小。在不同余热强度和换气次数条件下，围护结构传热系数推荐值均有所不同。外墙传热系数推荐值与室内余热强度有很大的关系，在同一气候区，余热强度越低，围护结构传热系数的推荐值也越小，反之，推荐值越大。部分气候分区中二类工业建筑围护结构的热工性能传热系数推荐值见表 4-3，其余气候分区围护结构传热系数限值详见《工业建筑节能设计统一标准》GB 51245—2017。

对门窗与墙体缝隙处，如果不做特殊处理，易形成热桥，冬季会造成结露，因此这些特殊部位需采用保温、密封构造，特别是采用防潮型保温材料，如果是不防潮的保温材料，其在冬季就会吸收凝结水变得潮湿，降低保温效果。这些构造的缝隙要采用密封材料或密封胶密封，杜绝外界的雨水、冷凝水等影响。变形缝是保温的薄弱环节，需加强对变形缝部位的保温处理，避免变形缝两侧墙出现结露问题，也减少通过变形缝导致的热损失。

严寒 A 区围护结构传热系数推荐值 [W/(m^2·K)]　　表 4-3

换气次数 n	围护结构部位	余热强度 q（W/m^3）						
		$q \leqslant 20$	$20 < q \leqslant 35$			$35 < q \leqslant 50$		
			$20 < q \leqslant 25$	$25 < q \leqslant 30$	$30 < q \leqslant 35$	$35 < q \leqslant 40$	$40 < q \leqslant 45$	$45 < q \leqslant 50$
n=1	屋面	0.50	0.70	0.70	0.90	0.90		
	外墙	0.50	1.25	3.43	6.30	6.30		
	外窗	3.00	3.50	5.70	6.50	6.50		
n=2	屋面	0.50	0.50			0.50	0.90	0.90
	外墙	0.50	0.45			0.46	2.30	5.20
	外窗	2.50	3.00			3.00	5.00	6.50

对建筑屋顶，夏热冬冷或夏热冬暖地区散热量小于 23W/m^3 的冷车间，夏季经围护结构传入的热量，占传入车间总热量的 85% 以上，其中经屋顶传入的热量又占绝大部分，造成屋顶对工作区的热辐射。为了减少太阳辐射热，当屋顶离地面平均高度小于或等于 8m 时，采用通风屋顶隔热措施。

对窗户而言，太阳辐射直接通过窗进入室内的热量是造成夏季室内过热、空调能耗上升的主要原因。因此，为了节约能源，要对窗口采取遮阳措施。在设计遮阳时需考虑地区的气候特点和房间的使用要求以及窗口朝向。遮阳设施效果除取决于遮阳形式外，还与遮阳设施的构造处理、安装位置、材料与颜色等因素有关。例如在窗口设置各种形式的遮阳板或轻便的窗帘、各种金属或塑料百叶等。在遮阳设施中，按其构件能否活动或拆卸，又可分为固定式或活动式两种。活动式的遮阳设施可视一年中季节的变化，一天中时间的变化和天空的阴暗情况，任意调节其角度，在寒冷季节，为了避免遮挡阳光，争取日照，还可以拆除。此外，遮阳措施也可以采用各种热反射玻璃和镀膜玻璃、阳光控制膜、低发射率膜玻璃等，因此，近年来在国内外建筑中普遍采用。然而在严寒地区，供暖能耗在全年建筑总能耗中占主导地位，冬季阳光充分进入室内，有利于降低冬季供暖能耗。因此，遮阳措施一般不适用于北方严寒地区。夏季外窗遮阳在遮挡阳光直接进入室内的同时，可能也会阻碍窗口的通风，因此要加以注意。

建筑围护结构用来保护人类免受自然界恶劣的环境气候威胁。性能良好的建筑围护结构可以更好地满足建筑保温、隔热、透光、通风等要求，达到维持良好的室内物理环境和降低建筑供暖、空调能耗的目的，是实现建筑节能的基础和前提。建筑围护结构节能主要涉及墙体保温隔热、屋面节能、门窗节能等。推广建筑节能，主要是要提高建筑围护结构的热工性能和整体气密性。

1）墙体构造方式

墙体在围护结构中所占面积最大，应避免由于紫外线、阳光、湿度等因素对建筑墙体产生的不良影响，保证建筑的性能和结构完整性。常用的墙体保温包括：自保温、内保温、外保温、夹心保温。我国夏热冬冷、夏热冬暖地区，对墙体保温性能要求不高，采用自保温墙体基本可以满足节能要求。而对于严寒、寒冷地区，墙体保温性能要求很高，多采用内保温、外保温、夹心保温等设置保温隔热层的复合墙体，如图 4-10 所示。

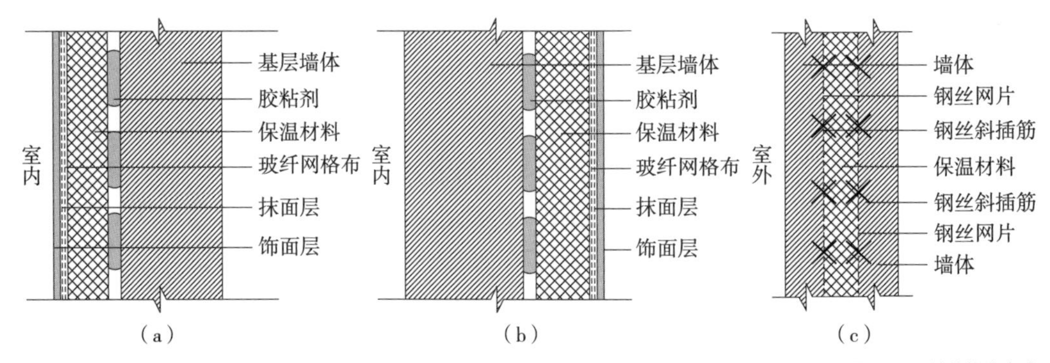

图 4-10　墙体构造方式
（a）内保温；（b）外保温；（c）夹心保温

（1）自保温

自保温是通过黏土多孔砖、混凝土空心砌块、加气混凝土砌块等墙体材料自身的绝热性能实现保温隔热。我国炎热地区冬夏两季的室内外温差较小，供暖、空调负荷相对较小，对墙体热阻的要求不高，可以通过提高墙材自身的保温性能实现基本需求。

（2）内保温

内保温是将保温材料置于外墙内侧的构造做法。在实际施工中，常采用在外墙内表面贴岩棉或聚苯板，再贴石膏板并抹饰面材料的方法。岩棉和聚苯板都是优良的保温材料，它们能有效地阻止热量的传递，减少能量的散失。而石膏板不仅具有良好的防火性能，还能为饰面材料提供平整的基底，确保最终的墙面美观且耐用。另一种常见的外墙保温做法是直接贴预制保温板。预制保温板通常由保温材料和加强层组成，它们在生产过程中就已经完成了保温和加固的双重功能。因此，在施工现场，只需将预制保温板粘贴到墙面上即可，极大地简化了施工流程，提高了施工效率。

内保温构造做法容易发生结露，因此在我国寒冷、严寒地区实际应用较少，多应用于较温和、炎热地区。建筑物内表面产生结露时，结露水将污染室内，使内部表面潮湿、发霉，甚至淌水，恶化室内卫生条件，导致室内存放的物品发生霉变，造成建筑材料的破坏，对建筑物使用功能影响极大，影响职工的身体健康，尤其是工业建筑，建筑内表面结露或发霉不仅对厂房结构和厂房内的操作人员有较大的危害，而且将导致生产产品和设备锈蚀、霉变，破坏产品质量，增加废品率等不良后果。对于计算机房、精密仪表室等室内环境功能要求严格的生产建筑来说，一旦发生结露滴水现象时，将导致运算失灵、测试紊乱、线路损坏等恶性事故。

（3）外保温

外保温是将保温材料置于外墙外侧的构造做法。在实际工程中，应用最广泛的外保温技术是粘贴聚苯板和抹胶粉聚苯颗粒保温浆料两种。粘贴聚苯板技术采用聚苯板作为保温层，通过粘贴的方式将其固定在外墙表面。聚苯板具有优良的保温性能和较低的热传导系数，能够有效地减少热量传递，降低能耗。抹胶粉聚苯颗粒保温浆料技术则是将胶粉与聚苯颗粒混合搅拌成保温浆料，然后涂抹在外墙表面。这种技术无空腔、抗裂性好、抗风压好、耐候能力强。

外保温构造做法可以减少结构体系的温度变形，能通过保温材料的连续性避免冷桥，间歇供暖时由于墙体内壁温度较高而不易结露，常应用于寒冷地区。然而，粘贴聚苯板时可能会留下空腔，抗风荷载能力较差，有时会出现板缝处开裂和聚苯板被风刮落等问题，在施工过程中需要严格控制板缝的处理和粘贴质量。同时，由于聚苯颗粒导热系数相对较高，在严寒地区要达到节能要求所需的保温层厚度较大，施工工期也相对较长。

（4）夹心保温

夹心保温是在两层墙体之间的空气间层中填加高效保温材料的做法，是一种介于外保温和内保温之间的技术。这种技术通常用于由混凝土砌块、空砖等砌筑成的工业建筑墙体，如普通混凝土空心砌块墙、硬矿渣混凝土空心砌块墙、钢筋混凝土复合墙等。

夹心保温构造做法对保温材料的要求不高，大部分材料均可使用。但与传统墙体相比，使用夹心保温的墙体厚度偏厚，施工比较复杂。因中间的保温材料无抗震性，容易导致外墙抗震性减弱，外墙寿命缩短。且极易形成“热桥”，外侧墙体容易受室外气温的影响，如遇昼夜温差太大和冬夏温差太大的情况，容易导致墙面裂缝、雨水渗入等问题，使用范围不广。

（5）其他类型墙体

除了上述常见墙体，近年来特朗勃（Trombe）墙、透明热阻材料墙等节能墙体也得到广泛应用。如图 4-11 所示。

Trombe 墙通常由砖石、混凝土等颜色较深的材料制成，并位于建筑物的南侧，与大面积朝南的窗户或玻璃墙相对。标准的 Trombe 墙设计中，玻璃板被放置在距离墙体 2~5cm 的位置。当太阳辐射穿过玻璃时，热量被蓄热的墙体吸收，并在随后的时间里缓慢地释放到建筑内部。这一过程通常需要

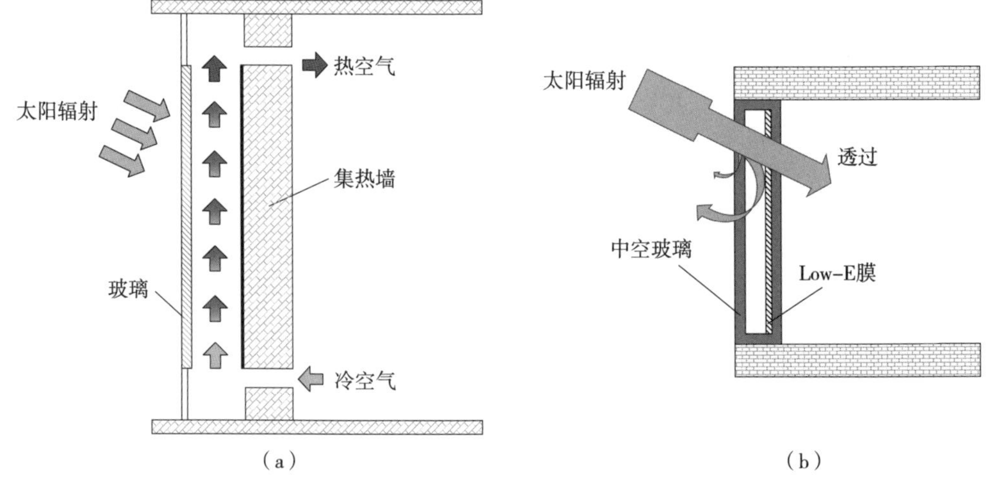

图 4-11　其他类型墙体

(a) Trombe 墙；(b) 集成 Low-E 玻璃的透明热阻材料墙

花费 8~10 小时，意味着墙体在白天吸收热量，并在夜晚将其重新释放进建筑，从而显著减少传统供暖的需求。

透明热阻材料墙是在墙体的外侧或内侧设置透明热阻材料层，或将透明热阻材料作为墙体的一部分进行集成设计。此外，还可以结合其他保温隔热材料和技术，如气凝胶、真空绝热板等，进一步提升墙体的保温隔热性能。这种材料能够有效阻挡热量的传递，减少墙体对热能的吸收和散失，从而保持室内温度的稳定。同时，由于透明热阻材料允许光线穿透，建筑内部可以充分利用自然光，减少对照明系统的依赖，进一步降低能耗。但透明热阻材料的生产成本相对较高，可能会增加建筑的整体造价。

2）屋面构造方式

屋面比建筑其他的围护结构更容易吸收太阳辐射热，是造成室内温度升高的主要界面。所以在设计中要针对建筑屋面进行专项的隔热保温设计，同时还要考虑到屋面结构层的负担，不能简单地增厚屋面，经过现代建筑材料的发展与构造技术的变革，出现了多种有效的屋面低碳设计策略，如：倒置式屋面、通风屋面、蓄水屋面、种植屋面等，如图 4-12 所示。

（1）倒置式屋面

倒置式屋面是将憎水性保温材料设置在防水层上的屋面，适用于夏热冬暖、夏热冬冷、寒冷地区。其构造层次从上至下依次为保温层、防水层、结构层。这种屋面设计对保温材料有特殊的要求，通常使用吸水率不大于 4%、有一定压缩强度、长期浸水不腐烂的保温材料，如聚苯乙烯泡沫塑料板或聚氨酯泡沫塑料板，并在保温层上加设较重的覆盖层，如钢筋混凝土、卵石、砖等。倒置式屋面不适用金属屋面，如采用卵石保护时，保护层与保温层之间要铺设隔离层。

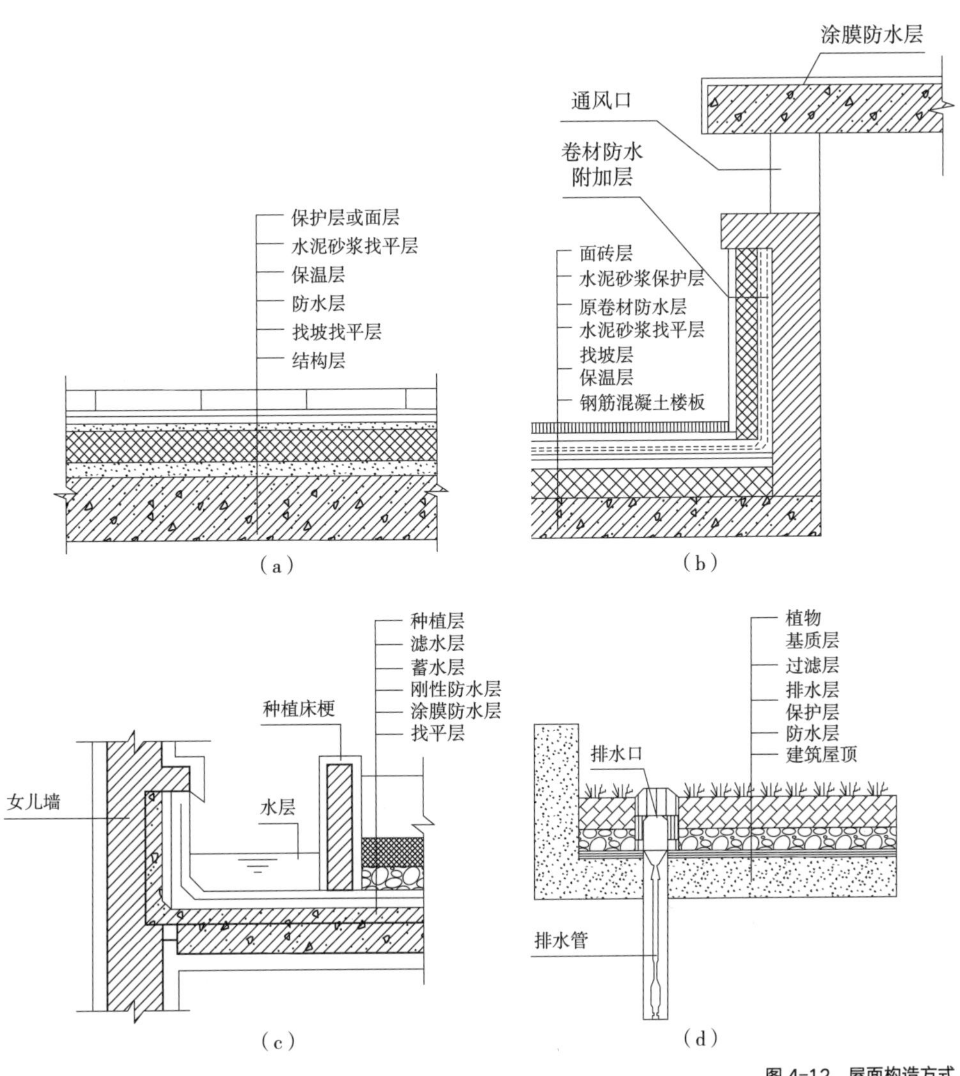

图 4-12　屋面构造方式

（a）倒置式屋面；（b）通风屋面；（c）蓄水屋面；（d）种植屋面

（2）通风屋面

通风屋面是利用屋面板搭建接口处垫起的缝隙或是在屋脊或在屋脊处留出的部分狭长喉口，所形成的屋面的通风缝或通风脊的总称。其构造特征是简单、省料省工、轻便。但是，通风屋面并不适合用于通风要求高的厂房。

此外，通风屋面还有多种类型。例如，通过在屋面预留部位的开孔处装设透光平板或压型板（或波纹板材），可以形成平天窗。这种平天窗主要用于不保温车间与大中型库房。另一种形式是在屋面板预留孔洞上装设透明板材料形成的采光板，根据其孔洞大小和填充材料的不同，可分为小孔、中孔和大孔三种类型，填充材料则有普通平板透明材料（玻璃）和空心玻璃砖加筋（空心玻璃砖加筋混凝土）两种选择。

还有一种通风屋顶是在屋顶设置通风间层来隔热，利用通风间层的外层遮挡阳光，利用风压和热压的作用使屋顶变成两次传热，避免太阳辐射热直接作用在围护结构上。这种设计可以减少室外热作用对内表面的影响，从而达到隔热的效果。

当工业建筑采用坡屋顶时，可以采用这种屋顶构造形式。但需注意的是，位于夏热冬冷或夏热冬暖地区，且散热量小于 23W/m^3 的厂房，当建筑空间高度不大于 8m 时，采用通风屋顶隔热时，其通风层长度不宜大于 10m，空气层高度宜为 0.2m。

（3）蓄水屋面

蓄水屋面是通过在屋面防水层上蓄一定高度的水来实现隔热和保温的效果。屋面蓄水深度一般在 300~600mm 之间。通过水分蒸发散热和水体比热容较大蓄热的特点，蓄水屋顶能够起到保温隔热的作用。夏季时，可以大幅度降低照射在屋顶的太阳辐射热，减少对顶层空间的传热量；冬季时，水的蓄热性能良好，从而起到保温隔热作用。但是蓄水屋顶施工技术要求须严密且复杂，否则会造成屋面防水失效及耐久性不够等问题，引起渗漏。除了施工技术问题外，还有水的问题，尽量使用中水处理后的水或收集的雨水进行屋面蓄水，在提高屋面围护结构保温隔热性能的同时不消耗其他的资源，真正做到低碳设计。

（4）种植屋面

种植屋面即在建筑屋顶种植绿化。其原理是利用植物的茎叶遮挡阳光直射，有效减弱屋顶的太阳辐射热，同时屋顶的水土蒸发也能带走部分太阳辐射热，是一种防止室内空间过热的有效隔热措施。种植屋面对防水和荷载的要求比普通屋面高，在设计中应综合考虑植物生长、涵养水分、屋顶排水和降低自重等因素。根据功能的不同，分为地被型屋顶绿化、花园式屋顶绿化。

地被型屋顶绿化主要利用地被植物进行绿化。地被植物是指那些株丛密集、低矮，经简单管理即可用于代替草坪覆盖在地表、防止水土流失，并具有一定观赏性和经济价值的植物。它们不仅包括多年生低矮草本植物，还有一些适应性较强的低矮、匍匐型的灌木和藤本植物。地被型屋顶绿化的施工及养护管理费用较低，对建筑荷载要求较低，一般结构活荷载要求在 100~200kg/m^2。在进行地被型屋顶绿化时，首先需要使用高质量的防水材料，如橡胶薄膜或 PVC 材料，确保屋顶完全密封，防止雨水渗透到建筑内部。接着，在防水层之上铺设防根层和排水板，以防止植物的根系侵蚀防水层，并有效排除多余的水分。然后，在排水板上加入合适的生长介质，为植物提供必要的营养和水分。最后，种植事先选择好的地被植物，并进行适当的养护和管理。

花园式屋顶绿化不仅仅是在屋顶上种植一些植物，它更是一个完整的生态系统。在该系统中，植被的种类丰富，可能包括地被、灌木、小乔木等，能够形成高低错落的景观效果。同时，为了满足这些植物的生长需求，花园式屋顶绿化还包括了基质层、隔离过滤层、排（蓄）水层、隔根层、分离滑动层等构造层，这些构造层为植物提供了必要的生长条件。由于需要在屋顶上承载较多的土壤和植物，因此对建筑屋顶的荷载要求很高，建筑活荷载应大于等于 250kg/m^2，种植土深 30~90cm。此外，花园式屋顶绿化的施工和维护也相对复杂，需要定期进行浇灌、施肥和修剪等工作。

3）门窗

在建筑围护结构中，玻璃外窗是建筑节能中比较薄弱的环节。空气的导热系数低，是天然的绝热材料，为了提高玻璃的节能效果，常利用空气间层增加外窗传热阻。常用的构造方式为：双层玻璃、中空玻璃、复合中空玻璃。如图 4-13 所示。

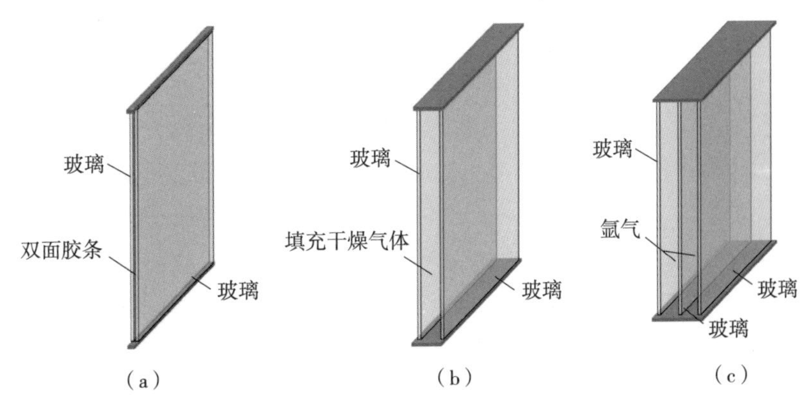

图 4-13　不同类型的玻璃窗
（a）双层玻璃；（b）中空玻璃；（c）复合中空玻璃

（1）双层玻璃

双层玻璃是一种由两层平板玻璃组成的建材，中间用聚乙烯双面胶条粘结在一起。它在隔声、隔热和保温性能上相较于普通玻璃有着显著的提升。但在粘结过程中，灰尘容易进入玻璃之间，影响美观和性能。同时，如果粘结不紧密或存在缝隙，室内外温差和湿度差异容易使双层玻璃产生凝露现象，导致在玻璃内侧形成水珠，影响视线。

（2）中空玻璃

中空玻璃是一种由两层或多层平板玻璃构成的建筑材料，四周使用高强度、高气密性复合胶粘剂，将玻璃与密封条、玻璃条等粘接，中间充入干燥气体，框内充以干燥剂，以吸收可能进入间层的水分，保证玻璃片间空气的干燥度，防止凝露和雾化的产生。可以根据不同的需求，选用不同性能的玻璃原片，如无色透明浮法玻璃、压花玻璃、吸热玻璃、热反射玻璃、夹丝玻璃、钢化玻璃等。此外，中空玻璃还可以采用不同的空气层厚度，通常情况下，气体间层厚度为 6~20mm，应用于外门窗中空玻璃的气体间层厚度不宜小于 9mm。

（3）复合中空玻璃

复合中空玻璃是一种由多层玻璃、框架、保温材料等组成的玻璃制品，中空层通常填充氩气或氪气等干燥气体。多层结构的设计增强了整体强度，外层玻璃即使破裂，内层玻璃和中间的保温材料也能起到支撑作用，安全性较高。经过特殊处理，具有优异的耐候性能，能够抵抗紫外线、高温、低温等恶劣环境的影响，这使得它在各种气候条件下都能发挥良好的作用，为建筑提供持久的保温和隔热效果。

除此之外，还应对门窗进行气密性、水密性处理，以减少室内外空气的交换。如洞口缝隙应使用耐老化性能好的密封条，边框与洞口缝隙应采用高效、易施工的材料封堵，如发泡聚氨酯等。

4.1.5 建筑材料

建筑材料的选择直接关系到建筑的低碳环保性能。传统建筑材料如水泥和钢材的生产过程会释放大量的二氧化碳，增加环境负担。相对而言，新型和高性能建筑材料通常采用低碳环保的生产工艺，这不仅有效降低了生产阶段的碳排放，而且在建筑使用过程中展现出优异的保温隔热性能和耐久性，增强了建筑对自然环境侵蚀的抵抗力，从而减少了维修和更换的频率。此外，这些材料往往具备可再生性、可回收利用性等特点，使用完毕后能够被回收再利用，避免了建筑垃圾的产生和资源的浪费。

1. 节能环保建材

1）承重结构材料

（1）预拌混凝土

预拌混凝土是经过专业搅拌站加工并以商品形式出售的新拌混凝土。其生产过程严格按照建筑结构设计的要求进行，确保了混凝土的质量和性能。预拌混凝土采用专用的运输工具，确保在规定的时间内送达施工工地，极大地提高了施工效率。

与现场拌制的混凝土相比，预拌混凝土具有诸多优势。首先，预拌混凝土的质量性能更为可靠。由于其在专业化的搅拌站进行生产，可以精确控制混凝土的配比和搅拌时间，从而确保混凝土的质量和均匀性。其次，预拌混凝土有助于节约混凝土的各种组分材料。通过专业化的生产和管理，可以减少原材料的浪费，提高资源利用效率。此外，预拌混凝土的生产过程实现了零排放，有利于环境保护和可持续发展。

相比之下，现场拌制混凝土存在诸多不足。首先，其水泥和砂石的消耗量较高，通常比预拌混凝土多消耗 10%~15% 的水泥和 5%~7% 的砂石，这意味着大量的自然资源被浪费。其次，现场拌制混凝土的质量受技术人员水平、气候环境等多种因素的影响，其稳定性和可靠性难以保证。此外，现场拌制混凝土在施工过程中还可能对周边环境造成污染，如噪声、粉尘等。

（2）商品砂浆

商品砂浆主要分为湿拌砂浆和干混砂浆两类。湿拌砂浆类似于商品混凝土，在搅拌站按照工程设计的具体要求进行生产加工，然后直接运送到施工工地。这种砂浆的优势在于其即时性和便捷性，可以大大提高施工效率。而干混砂浆则是在工厂经过干燥筛分处理后的砂、水泥、矿物掺合料以及保水增稠等外加剂，按照规定的比例混合而成的固态混合物。在施工现场，只需按规定比例加入水或配套液体等拌合后即可使用。干混砂浆的存储和运输更为方便，且其性能稳定，质量可靠。

与现场搅拌砂浆相比，商品砂浆在多个方面表现出明显的优势。首先，商品砂浆能够显著节省材料。研究数据显示，多层砌筑结构使用现场搅拌砂浆的砌筑砂浆量约为 $0.20m^3/m^2$，而使用商品砂浆则仅需 $0.13m^3/m^2$，至少节约 30% 的砂浆量。对于高层建筑，现场搅拌砂浆的抹灰砂浆量约为 $0.09m^3/m^2$，而使用商品砂浆则只需 $0.038m^3/m^2$，可节约砂浆用量 50% 以上。

此外，商品砂浆的性能更稳定、质量更好。由于商品砂浆在专业化的工厂进行生产，其配比、搅拌和加工过程都得到了严格的控制，从而确保了其质量的稳定性和可靠性。相比之下，现场搅拌砂浆的质量往往受到多种因素的影响，如原材料的质量、搅拌设备的性能、操作人员的技能水平等，因此其质量波动较大。

（3）散装水泥

散装水泥是指水泥不采用包装，直接通过专用容器和车辆从水泥厂运输到中转站或送达施工现场。

首先，传统的袋装水泥在包装过程中消耗大量的木材和纸张，而这些包装材料的生产又需要消耗大量的水、电、煤炭、烧碱、棉纱等资源，而散装水泥避免了大量纸质包装材料的消耗。其次，袋装水泥由于包装破损和袋内残留等原因，造成的水泥损耗率较高，通常在 3%~5% 之间，散装水泥在装卸、储运过程中采用密封无尘作业，水泥残留可以控制在 0.5% 以下，极大地降低了水泥的损耗率。此外，袋装水泥在运输过程中需要堆叠、搬运，不仅耗时耗力，还容易受到天气等因素的影响，而散装水泥通过专用容器和车辆进行运输，可以实现快速、高效地运输，提高了施工效率。

（4）预制钢筋制品

预制钢筋制品是指根据建筑结构设计要求，在工厂中预先把盘条或直条钢线材加工制成钢筋网片、钢筋笼等产品，运送至建筑工地现场，实现建筑钢筋加工的专业化、工厂化、标准化和商品化。

由于钢筋混凝土结构中采用的钢筋规格和形状复杂，钢厂生产的钢筋原料需要根据设计要求经过加工后才能使用。传统的工地现场加工方式不仅成本高、材料浪费严重，而且加工质量低、进度慢，同时还占用大量工地面积，产生环境噪声。而工厂化加工采用先进的机器设备和生产工艺，快速生产出高精度的钢筋制品，大大提高生产效率和质量，有效降低废料率。据统计，专业工厂加工的钢筋废料率仅为 2%，远低于现场加工的 10%。同时，工厂化钢筋加工配送能够实现钢筋制品的商品化，可以根据工程需求，为多个工地同时配送预制钢筋制品，为施工单位提供更加便捷的服务。

2）墙体材料

（1）非黏土砌块

①非黏土烧结砖

非黏土烧结砖是采用石灰石、矿渣、石粉、粉煤灰等非黏土原料，通过烧结加工制成的新型建筑材料，包括非黏土烧结多孔砖和空心砖、烧结页岩砖、烧结煤矸石砖、烧结粉煤灰砖等多种类型。首先，它具有较高的抗压强度。由于采用了特殊的原料和工艺，这些砖块在承受压力时表现出色，能够有效地满足建筑结构的强度和稳定性要求。其次，其线膨胀系数和收缩率较小。这意味着在温度变化或湿度变化的环境中，砖块的尺寸变化较小，能够保持较好的尺寸稳定性，从而减少因材料变形导致的建筑问题。此外，原料来源广泛，包括页岩、煤矸石、粉煤灰等非黏土材料，这些材料不仅储量丰富，而且符合环保要求。

②非黏土压蒸制品

用压蒸法可以制造块状或板状墙体材料，主要有加气混凝土砌块、压蒸灰砂砖、压蒸粉煤灰砖等。这类制品是由石灰、石英砂、粉煤灰、矿渣等材料全部或部分替代普通硅酸盐水泥，并掺以适量辅助材料，经过坯料制备、机械压制成型、高压蒸汽养护等生产工艺制成。

与非压蒸制品相比，压蒸法确实具有诸多显著优势。首先，压蒸法能够大幅缩短生产周期，从原来的 14~28 天显著减少到 2~3 天，这大大提高了生产效率，能够更快速地投入市场使用。其次，压蒸法制品具有高强度、低干缩率和高耐火极限等特点，这意味着它们能够承受更大的压力和拉力，在使用过程中不易产生开裂和变形，在火灾等极端情况下能够保持较好的性能，适用于各种要求较高的建筑和工程场景。

然而，压蒸制品的收缩率较大、线膨胀系数较大，这可能导致在温度变化较大的环境下，压蒸制品的尺寸稳定性受到影响。此外，压蒸制品的表面通常较光滑，在某些需要粗糙表面的应用场景中可能并不适用。同时，其抗剪强度相对较低，这可能影响压蒸制品在某些受力情况下的性能表现。

（2）新型板材

①硅镁条板

硅镁条板是利用改性镁质胶凝材料、微泡沫剂与纤维制成的轻质空心条板。镁质胶凝材料是菱苦土与氯化镁溶液加入粉煤灰等掺合料，在一定的配合比与养护条件下制成。我国菱镁矿储量较高，可因地制宜地发展该产品。它具有自重轻的特点，具有良好的隔声性能、保温性能、耐水性等，可用于隔墙。

②纤维石膏板

纤维石膏板是以石膏为基体，加入适量有机或无机纤维作增强材料制成。它不仅继承了传统石膏板的一些优点，如质轻、防火、隔声、隔热等，还通过加入纤维增强材料，提高了其强度、韧性以及抗冲击性能，使得石膏板在受到外力作用时能够更好地分散和承受应力，减少断裂的可能性。此外，它还具有良好的加工性能，可以根据需要进行切割、钻孔、粘贴等处理，方便施工。同时，其表面平整、光滑，易于进行装饰处理，如涂刷、贴壁纸等，可用于吊顶。

③无石棉水泥板

无石棉水泥板是一种使用非石棉纤维来取代传统石棉纤维的建筑材料，其主要成分是水泥、无机纤维和其他材料，经过特殊工艺加工制成。所用纤维主要有高模量维纶纤维、纤维素纤维、高密度高模量聚乙烯纤维等，所用水泥除硅酸盐水泥外，还可用由矿渣粉、排烟脱硫石膏与激发剂等配制成的改性石膏矿渣水泥。

石棉因含微细纤维而对人体健康有害，因此一些国家已禁止生产与使用含有石棉的制品。根据国际上纤维水泥制品的发展趋向，无石棉水泥板将作为绿色建材逐渐取代石棉水泥板。

（3）相变蓄热建筑材料

相变材料是一种在特定温度范围内改变其物理状态（如固—液、液—气等）并吸收或释放大量潜热的物质。

相变蓄热建筑材料是通过浸泡法、掺加能量微球法、直接混合法等工艺，将相变材料与混凝土、石膏板、保温材料等建筑材料基体结合，制成具有蓄热功能的建筑材料。这种材料在温度变化时能够吸收或释放热量，从而实现对建筑物内部温度的调节，提高建筑物的热舒适性和节能性能。

相变蓄热石膏板——以石膏板为基体、掺有相变材料的蓄热墙板，可以用作外墙内壁材料以减弱建筑物室内温度的波动幅度。

相变蓄热混凝土——以混凝土材料为基体的复合相变混凝土，多用于外围护结构以实现室内温度的稳定。

相变建筑保温隔热材料——在普通保温隔热材料中掺入相变材料制备高效节能的建筑保温隔热材料。

相变蓄热砂浆或灰泥——把相变材料掺入砂浆或灰泥中制备相变蓄热砂浆或灰泥，也可以将其制备成相变储能墙板材。

相变蓄热涂料——可以采用含相变材料的微胶囊制备涂料，也可以采用多孔超细材料复合作为涂料的主要填充介质制备涂料。

3）门窗材料

（1）框料

节能率不高的窗框导致的冷风渗透以及高传热系数也能使得建筑的运行能耗大幅度增加，所以应该注重对窗框材料的选择与应用，应优先选用导热系数小的窗框材料。应用比较多的是铝合金窗框、断热桥铝合金窗框、聚氯乙烯（PVC）树脂塑钢窗框。

①铝合金窗框

铝合金窗框具有质量轻、强度高的特点，较钢门窗轻 50% 左右，且在质量较轻的情况下，其截面却有较高的强度。但其导热系数较大，若在设计和制造过程中没有采取任何措施来阻断通过铝合金窗框的热传递，将影响整个建筑的保温效果。

②断热桥铝合金窗框

断热桥铝合金窗框由铝与塑料复合而成，中间塑料隔热层采用嵌入或挤压和填充式工艺加工而成，是为了提高传统铝合金窗（无阻断热桥）的保温性能而设计的一种改良窗框体系。在保留传统铝合金窗框的轻质、高强度、抗风压性能良好等优点的基础上，它显著地提高了保温性能。此外，它还具备防水、防火、防风沙、抗风压等性能，气密性、水密性均良好。

③ PVC 塑钢窗框

PVC 塑钢窗框是以聚氯乙烯（PVC）为主要原料，配合一定比例的稳定剂、着色剂、填充剂等辅助材料，经过一系列工艺加工而成的窗框。它导热系数较小，其气密性和水密性也表现出色，窗框安装时缝隙处装有橡胶密封条或毛条，能有效防止空气和水的渗透。但是也存在颜色单一、容易变形发黄与框玻比大的缺点。

（2）玻璃

选择合理的玻璃材质，如吸热玻璃、热反射玻璃、热敏玻璃、光敏玻璃、低辐射玻璃等。

①吸热玻璃

吸热玻璃是在玻璃表层内掺入某种离子，这些离子使玻璃呈现一定程度的颜色，常见的有灰色和青铜色两种。它对红外线有高度的吸收特性，安装时应将离子留在玻璃的最外表层吸收太阳热，使其最外层升温，并使其贴近的空气运动剧烈加快，以对流方式将热移走，使玻璃冷却。

吸热玻璃的特性效率主要靠外侧空气的速度。其不足之处是自身可能变得很热，而且在夜间作为长波辐射源留存，但是如果将吸热玻璃作为双层玻璃的外层，这种影响会有所减小。

②热反射玻璃

热反射玻璃是将玻璃表面贴上反射性面层制成。有两种制作工艺：其一，真空镀膜法。这种方法是将一层很薄的金属镀到玻璃上。通过在高真空的情况下进行大电流、短时间的蒸发，使金属原子或分子沉积到玻璃表面上，形成牢固的金属膜。其二，贴膜法，即将预制的带有反射层的薄片在现场粘贴到玻璃上。

热反射玻璃可以反射大量辐射热，不足之处是可见光的透过率也相对较低，室内光线较暗，并对周边建筑造成光污染和热辐射。

③热敏玻璃

热敏玻璃也称热致变色玻璃，是在玻璃中融入某种特殊的热致变色材料。当温度变化时，其光学性质会发生可逆的改变。当室外温度超过一定阈值时，它会变为深色，降低对可见光的吸收，从而减少室内的热量输入；而当室外温度降低时，它又会变回浅色，增加对可见光的透过率，让室内更加明亮。同时，它具有红外光调节能力，能够吸收或反射大部分的红外光，从而减少室内外热量的交换，保持室内温度的稳定性。

热致变色需解决两个关键问题：一是使相变温度降到人的舒适范围（20℃左右）；二是薄膜涂层对可见光的吸收偏高，应增加其在可见光范围内的透光率。

④光敏玻璃

光敏玻璃也称光致变色玻璃，它是通过在玻璃熔制过程中加入某种光致变色物质，再进行适当的热处理制成。在光照射下，其颜色、透光性等光学性能发生改变，而当光照停止后，其光学性质自动恢复。该玻璃可用于太阳能控制。

⑤低辐射玻璃

低辐射玻璃也称 Low-E 玻璃，具有良好的采光性能并能阻挡紫外线的进入，节能效果优越。Low-E 膜分为冬季型 Low-E 膜、夏季型 Low-E 膜、遮阳型 Low-E 膜等。其中，冬季型 Low-E 膜适用于寒冷地区，主要功效是既能让太阳辐射有较高的透过率，又能将室内的长波热辐射反射回室内，减少热量损失。夏季型 Low-E 膜适用于炎热地区，采用双层银膜镀层，其作用是可以让太阳的可见光部分进入室内，而将近红外的太阳辐射遮挡在室外，防止室内过热，降低室内的制冷能耗。遮阳型 Low-E 膜主要用于太阳高度角较低的情况，是在低辐射的前提下降低可见光透过率。

2. 高强高性能建材

建筑结构中的钢筋和混凝土的性能决定了建筑耗材的水平，采用高强高性能建筑材料有利于提高建筑耐久性、减少材料用量、增加建筑空间、在保证使用功能的前提下降低建筑层高。高强高性能建筑材料主要有高强度钢、高强度钢筋、高强度混凝土等。

1）高强度钢

我国现阶段已推出了 Q235GJ、Q235GJZ 和 Q355GJ、Q355GJZ 钢材，比原有的 Q235、Q355 的强度高，并且可明显节约钢材用量。在设计中，钢受力结构的厂房，在主钢和次钢结构中，Q355GJ、Q355GJZ 等（或抗拉强度设计值不低于 295MPa 的）高强度钢材用量，占钢材总量的比例不低于 70%。

2）高强度钢筋

在我国广泛采用的钢筋混凝土结构中钢筋用量很大。在相同承载力下，钢筋强度越高，其在钢筋混凝土中的配筋率越小，节材效果越显著。以 HRB400 为代表的高强钢筋具有强度高、韧性好和焊接性能优良等特点。研究表明，用 HRB400 钢筋代替 HRB335 钢筋可以节省 10%~14% 的钢材，代替 HPB235 钢筋则可节省 40% 以上的钢材，而且有利于提高建筑结构的抗震性能，应大力推广。在设计中，钢筋混凝土受力结构的厂房，HRB400 以上（或抗拉强度设计值不低于 360MPa 的）钢筋用量应不少于受力钢筋总量的 70%。

3）高强度混凝土

混凝土主要用来承受抗压荷载，对于竖向承重结构构件，在相同承载力下，混凝土强度较高，混凝土构件所需的截面积较小，节材效果较显著。研究表明，采用高强度水泥配置混凝土可以显著节约水泥用量，如配制 C30~C40 混凝土，采用 42.5 级水泥比采用 32.5 级水泥每立方米混凝土可节约水泥用量约 80kg。在设计中，钢筋混凝土受力结构的厂房或竖向承重结构中，C50 以上混凝土应不少于竖向承重结构混凝土用量的 50%。

3. 可再生循环材料

天然材料不仅环保、可再生，能降低对有限资源的依赖，而且能够提升建筑的美感和质感。在低碳工业建筑设计中应用天然材料时，需要充分考虑材料的性能、可获取性、成本以及施工难度等因素。

1）竹材与木材

竹材和某些类型的木材是天然的可再生资源。它们生长迅速，且在使用过程中具有良好的环保性能、强度和韧性，可用于建筑框架、地板、墙板等部位。同时，因其轻便和美观的优点，常用于室内装饰和家具制作。这些材料的应用不仅降低了建筑的碳排放，还为室内环境带来了自然、温馨的氛围。

2）石材

石材是另一种在低碳工业建筑中被广泛应用的天然材料。它具有坚固、耐用、美观的特点，常用于建筑的外墙、地面和室内装饰。通过合理的开采和加工，石材可以在建筑中发挥良好的保温、隔热性能，减少能源消耗。

4.2.1 室内环境调控

室内环境调控对于降低能源消耗和碳排放、实现室内环境的舒适、健康和可持续发展至关重要。通过优化热环境、光环境、声环境和室内空气质量，可以有效地降低能源消耗和碳排放，提高工作使用空间的空气清洁度，促进职业健康发展。在热环境调控方面，采用高效的保温隔热材料、合理的建筑布局和有效的遮阳设计可以减少热量流失和太阳辐射影响。在光环境调控上，合理的采光设计和人工照明的自动控制可以提供充足舒适的光照，同时使用低能耗照明设备如 LED 灯具，进一步降低照明能耗。在声环境调控中，隔声和吸声材料的使用以及合理的建筑布局规划有助于提升室内声学舒适度。室内空气质量也是室内环境的重要组成部分，高效的空气净化系统和选择低挥发性有机化合物（VOC）的室内材料和家具可以实现室内环境的舒适、健康和可持续发展。

1. 热环境

良好的通风系统可以有效地排除室内的污浊空气和异味，保持室内空气的清新和健康。热环境调控主要通过自然通风和遮阳措施来实现。例如，传统民居利用天井来增强通风，在现代建筑中，也可以通过置入腔体空间、增加导风构件等，引导自然风进入室内，减少机械通风的需求。此外，通过在室外设置阳台、遮阳板、植物，室内设置可调节的遮阳帘幕等装置，根据需要调节室内风量和风向，进一步提高室内环境的舒适度。

1）自然通风

自然通风是指利用建筑物内外空气的密度差引起的热压或室外大气运动引起的风压来引进室外新鲜空气达到通风换气作用的一种通风方式。相比于完全利用机械通风和空调的建筑，自然通风的建筑能耗会大大减少。这是因为当对建筑进行自然通风时，不需要消耗机械动力，同时在适宜的条件下又能获得巨大的通风换气量，是一种非常经济的通风方式。因此，工业建筑宜充分利用自然通风消除余热、余湿。

（1）自然通风的优点

①节约能源

自然通风的节约能源体现在以下几个方面：

降低风机能耗。自然通风降低了机械通风中驱动空气进行室内外流动的风机能耗；同时，由于自然通风不像机械通风一样需要风管输送空气来为建筑通风，因此降低了这部分驱动风管内空气的风机的能耗。

降低制冷负荷。虽然机械制冷可以与自然通风一起使用，但通常自然通风对机械制冷的依赖度较低。自然通风建筑物通常利用外部空气就可以充分控制室内的环境参数，如热湿负荷和空气质量。

自然通风建筑物内的人员往往对室内气候的波动有更高的接受度，即对于温度和湿度水平的接受范围更大。利用这点特性，可以使自然通风建筑室内在夏季的可接受温度比机械通风建筑更高，而冬季的可接受温度比机械通风稍低，从而有效降低用来调节室温的加热 / 制冷机械设备的能耗。

②灵活改善室内环境质量

室内人员通常希望能够通过调整窗户的开闭来控制建筑环境。对于机械通风的建筑来说，室内人员很难自行对通风系统进行调节。同时，为了保持机械通风系统的正常运行，通常是不能自行开闭窗户的，否则可能会对室内人员舒适度和通风系统能耗方面造成很大的影响。然而，自然通风可以很灵活地调整窗户的开启和关闭，这也是自然通风进行室内环境调节的重要手段。

③降低初投资成本

当使用机械通风和空调对室内环境进行调节时，需要大量的设备和配件，如风机、制冷设备、空气净化设备、风管、风口等。这些设备的成本可能会占到整个建筑成本的 30%。尤其是在工业建筑中，为维持室内环境往往需要巨大的通风量，因此相关设备和配件的投资是巨大的，这些设备和配件也占据了大量的室内空间。对于自然通风来说，其所需的设备及管道系统占据的空间较少。当然，达到良好的自然通风效果设计也需要相应的成本，但总体而言，这些成本远小于机械通风建筑。

④降低设备维修和更换成本

使用机械通风和空调的建筑物需要经常性地、定期地维护，并且维护与更换机械设备的费用往往非常大。然而，自然通风中的设备通常不需要维护，或是对维护需求很低。使用机械通风的建筑一般需要在 15~20 年的时间内进行大修、翻修甚至更换设备。相比之下，防雨百叶、管道、避风天窗等自然通风中使用的设备通常可以持续使用更长的时间，即使需要进行更换，一般来说价格也是比较便宜的。

⑤与自然光照明相适应

建筑中提供充足的照明是十分必要的，而自然通风的工业建筑中往往设有大开口面积的天窗，因此可以充分利用自然光的照明。首先，可以有效降低用电量；其次，白天的阳光水平会有变化，这对内部人员的生理和心理健康都很有益。然而，自然光在照明的同时也会导致部分热量以辐射方式进入室内。通常在夏季的时候，为了保持建筑内部的凉爽、降低热量进入建筑，需要设置合适的外部遮阳，避免阳光直射入室内；在冬季，建筑室内需要供暖时，需要更多的自然光进入室内。由于冬季的太阳比夏季位置要低，因此可以将建筑的外部遮阳设施设计成最大限度地提高冬季阳光的室内照射的设施，同时避免夏季的室内阳光直射。

⑥通风换气量大

相比于机械通风系统，自然通风系统的进、排风口面积往往较大，且只要热压和风压存在，通风就可以持续进行，因此，自然通风建筑往往都有巨大的通风换气量。而对于机械通风建筑，由于受到通风系统容量、能耗等限制，往往无法达到自然通风的通风量。虽然自然通风在大部分情况下是一种经济、有效的通风方式，但是，它同时也是一种难以进行有效控制的通风技术。因为自然通风受室外气象条件（温度、风速）的影响较大，通风量及通风效果难以控制。只有在对自然通风作用原理了解的基础上，才能合理利用自然通风，使其高效运行。

（2）自然通风应用

工业建筑实际应用自然通风的形式有如下几种：

①自然通风窗

为了提高自然通风的效果，应采用流量系数较大的进、排风口或窗扇，如在工程设计中常采用的性能较好的门、洞、平开窗、上悬窗、中悬窗及隔板或垂直转动窗、板等，部分窗型如图 4-14 所示。图中所示窗户在开启时能够完全打开，因此窗户通风面积能得到充分利用，有利于进行通风换气。而一般的推拉窗由于开启时不能完全打开，因此不能有效地利用窗户开口面积。

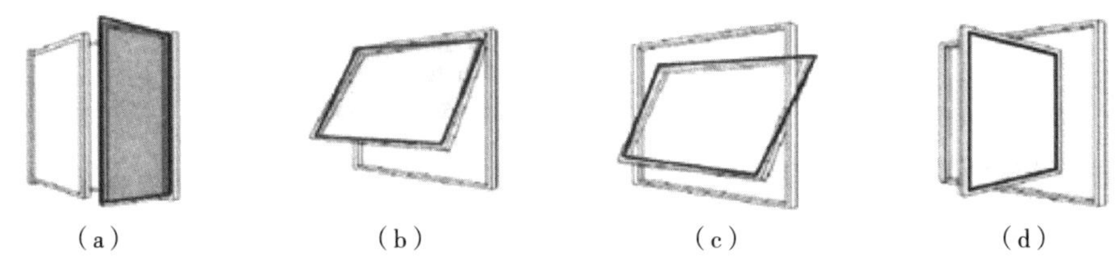

图 4-14　流量系数较大的窗类型
（a）平开窗；（b）上悬窗；（c）中悬窗；（d）立转窗

同时，提供自然通风用的进、排风口或窗扇，一般随季节的变换进行调节。在不同的室外情况下采取不同的自然通风策略，对进、排风口进行合理调节，才能最大化实现自然通风的效果。对于不便于人员开关或需要经常调节的进、排风口或窗扇，应考虑设计机械开关装置，否则自然通风效果很可能达不到设计要求。

②通风天窗

通风天窗是利用室内外温度差形成的热压及风力作用所造成的风压来实现自然通风换气的一种通风装置，在工业建筑的自然通风设计中非常常见。

有时由于风压的作用，普通的天窗的迎风面排风窗口会发生倒灌现象，破坏正常自然通风形式，恶化室内环境。因此，在平时需要及时将迎风面天

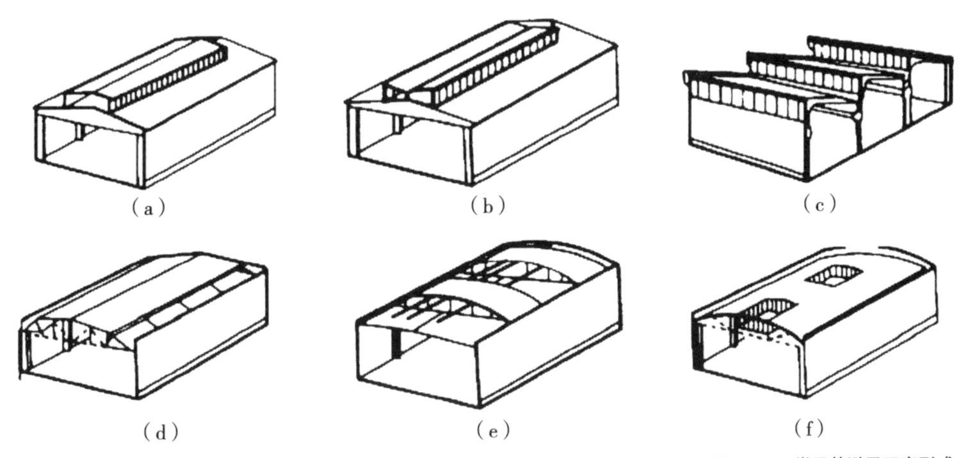

图 4-15　常见的避风天窗形式

(a) 矩形天窗；(b) M 形天窗；(c) 锯齿形天窗；(d) 纵向下沉天窗；(e) 横向下沉天窗；(f) 井式天窗

窗关闭，依靠背风面天窗的负压来排风。由于自然风风向的随机性，这种做法在实际应用中比较麻烦。为了让天窗可以稳定地排风，在任何工况下都不发生倒灌，因此需要在天窗上增加一些措施，保证天窗的排风口在任何风向下都处于负压区，这种天窗叫作避风天窗。目前，常用的避风天窗有如下几种形式：矩形天窗、下沉式天窗、弧线（折线）天窗等，如图 4-15 所示。

③自然通风器

自然通风器是指依靠室内外温差、风压等产生空气的压差实现空气流通的通风器，一般可分为条形屋面通风器和球形自然通风器。利用自然通风技术，根据自然界空气对流自然环境造成的局部气压差和气体的扩散原理，结合自身独特的结构设计，使空气流动，以提高室内通风换气效果，不需要机械动力驱动。在室外无风时，依靠室内外稳定的温差，能形成稳定的热压实现自然通风换气；当室外自然风风速较大时，依靠风压就能保证有效换气。

条形屋顶通风器是针对一般工厂厂房屋顶上装设的自然通风天窗的单一功能，予以改良设计而成。自行设计的整流骨架是由钢板一体成型，上方搭接通风盖，整流骨架两边则固定侧板，因此具备通风及采光等功能，如图 4-16 所示。这种自然通风装置具有结构简单、重量轻，不用电力也能达到良好的通风效果等优点，适用于高大工业建筑。

图 4-16　条形屋顶通风器

球形屋顶自然通风器完全不依靠机械通风，仅靠热压运行，其工作原理是利用自然风力推动涡轮叶壳的旋转，同时利用离心力诱导通风器内空气排出。涡轮叶壳上的叶片可以捕捉迎风面的

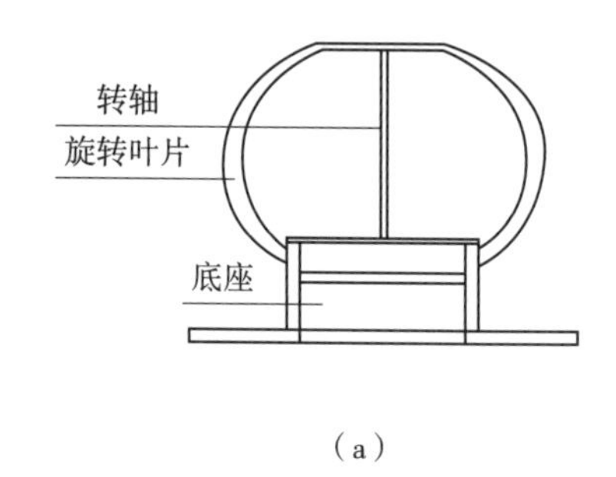

（a）

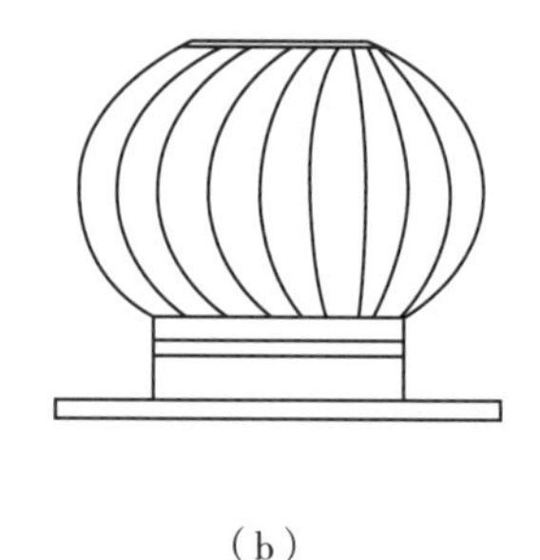
（b）

（c）

图 4-17　球形通风器
（a）剖面图；（b）立面图；（c）实物图

风力，从而推动叶片、涡轮叶壳旋转。因为叶壳的旋转而产生的离心力，诱导了涡轮下方的空气从背风面的叶片间排出。随着空气的不断排出，室外的新鲜空气不断通过窗户、门等通风口得以补充，于是实现了对房间进行通风换气的目的，其结构如图 4-17 所示。

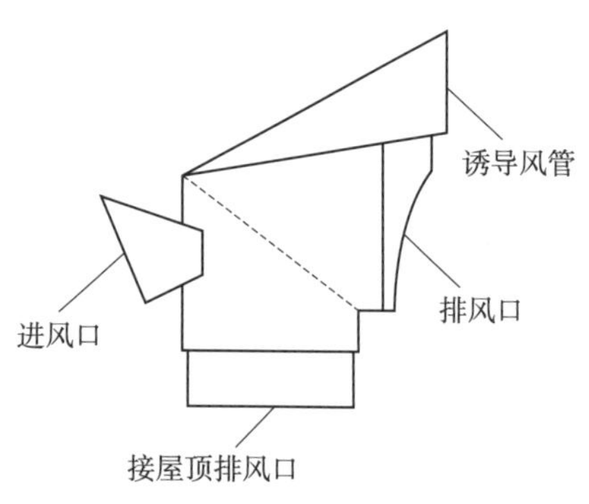

图 4-18　文丘里型通风器

此外，还有一种文丘里型的自然通风器，如图 4-18 所示。这种自然通风器上安装了诱导风管，在风吹过时通风器会将进风口旋转至迎风位置，利用风吹过通风器上横向的文丘里管内部产生的低压，产生抽吸效应，将室内空气吸到室外。

④太阳能通风系统

太阳能通风系统的原理是利用太阳能加热空气，增加空气的热压驱动力，强化自然通风。因其具有降低建筑供暖通风与空调能耗、改善室内空气品质及能源资源可再生等优点而广泛应用于生态建筑设计中。太阳能的优势使得太阳能通风作为一项能够利用太阳能强化自然通风的技术，在许多建筑场合得到应用。

太阳能通风主要的结构形式包括太阳能通风墙、太阳能烟囱、双层玻璃幕墙、中庭通风、太阳能空气集热器等。其中，太阳能通风墙和太阳能烟囱的结构类似，两者的特点是由盖板、吸热板以及中间的空气流道共同组成的排风系统。太阳能烟囱通常有太阳能集热墙体和太阳能集热屋面两种典型结构。太阳能集热屋面又分为竖直式和倾斜式两种结构形式。此外，还有墙壁屋顶式的太阳能烟囱、辅助风塔通风的太阳能烟囱等，如图 4-19 所示。

太阳能通风墙的冬夏季运行工况如图 4-20 所示。冬季需要引入室外新风时如图 4-20（a）所示，开启通风墙外侧下部风口和内侧上部风口，此时室外冷空气在流过通风墙时被墙壁加热向上运动，在被充分加热后通过内侧风口送入室内；冬季不需要引入室外新风时如图 4-20（b）所示，开启通风墙内侧上下部风口，室内冷空气进入通风墙，在其中被加热向上运动，通过

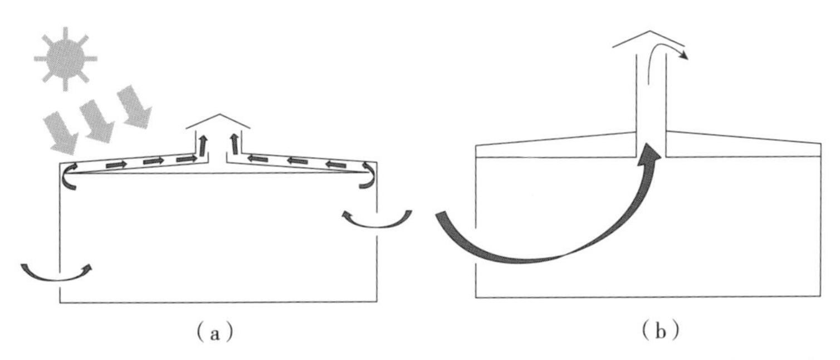

图 4-19　太阳能屋顶通风和太阳能烟囱
（a）太阳能屋顶通风；（b）太阳能烟囱

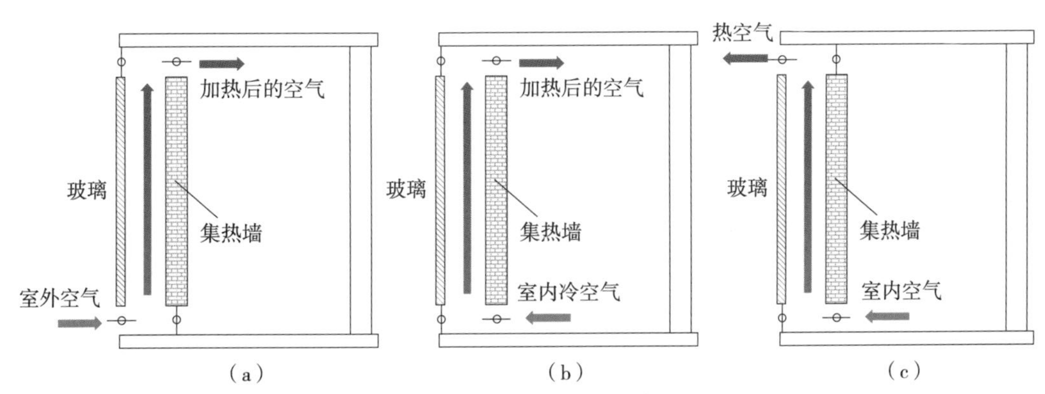

图 4-20　太阳能通风墙在不同工况下运行情况
（a）冬季运行工况一；（b）冬季运行工况二；（c）夏季运行工况

上部风口回到室内，提高室内温度；夏季运行工况如图 4-20（c）所示，开启通风墙内侧下部风口和外侧上部风口，室内空气进入通风墙，被墙壁加热向上运动，通过外侧上部风口排出室外。

⑤捕风器

捕风器是一种建筑中常用的通风设备，多用于热气候区域的民用建筑和自然通风热车间中，通过自然方式促进室内外空气流动，以降低室内温度并提高空气质量。如图 4-21 所示，它们通常安装在建筑的顶部或外墙上，利用风压差和热压差的原理来捕捉并引导自然风气流进入室内，同时排除室内热污空气。这种系统可以减少对机械空调的依赖，从而节省能源并降低运营成本。捕风器的设计非常多样，可以是塔楼状、圆顶状或其他形状，以最大化捕风效率。在现代建筑中，捕风器还可以与其他低碳技术，如太阳能板、绿色屋顶等结合使用，以实现更高效的可持续建筑设计。

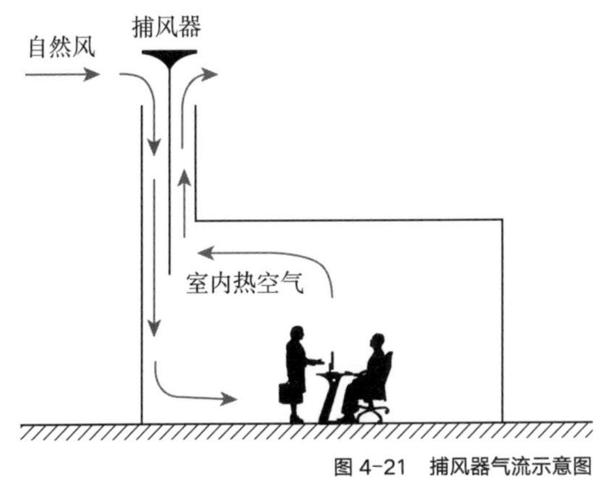

图 4-21　捕风器气流示意图

（3）室外导风板导风

当建筑仅在一侧外墙上开口或建筑开口与风

向的有效夹角超出 20°~70° 范围时，可以设计应用导风板引导自然通风。设置导风板的主要作用是通过人工手段形成气流的正压区和负压区，从而改变气流方向，将风引入室内。导风板可以采用钢筋混凝土挑板、木板、金属板、纤维板等制成，也可以利用建筑平面的错落凹凸变化、绿化植被或窗扇等导风，如图 4-22 所示。

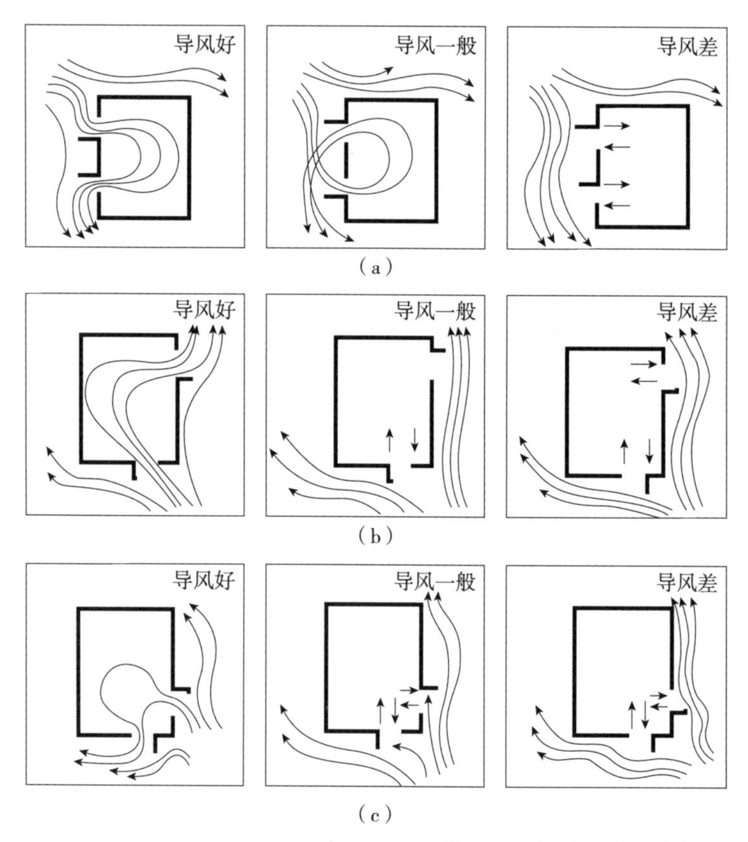

图 4-22　利用导风板组织自然通风
（a）单侧墙开窗；（b）相邻两侧墙开窗、开口距离远；（c）相邻两侧墙开窗、开口距离近

2）遮阳措施

在建筑室内热环境和光环境调控中都要涉及建筑遮阳。建筑遮阳是用来遮挡阳光的设施，其设置的目的在于：其一，避免在夏季建筑室内吸收过多太阳辐射热而造成室内过热，降低制冷能耗；其二，防止由于太阳光直接照射造成强烈眩光；其三，避免阳光直接通过玻璃进入室内，阻挡对人体健康不利的光线进入。

（1）阳台遮阳

在建筑立面处理上，阳台的凹凸变化能带来建筑的形式视觉美，同时阳台作为住宅建筑主要的半户外活动空间，功能逐渐走向多样化。夏季炎热，阳台设计有时要求向室内凹进的进深较大，并且为了防止进深过大，造成室内采光的弱化，通常将阳台上空高度依据一定比例放大，通过改变阳台的进深与上空高度的设计策略，能使阳台形成一种室内外过渡的阴影空间，能很好地遮挡住太阳光的直射，同时减少太阳辐射热对室内的侵入，这一过渡使空间成为人们休憩纳凉的好场所。在具体设计中，一般将外凸阳台与内凹阳台形式相结合，形成半凸半凹的兼顾遮阳与导风功能的新式阳台。既能形成建筑立面变化的秩序美，又能增加阳台上空高度，在满足遮阳的同时，还不影响室内的采光，从而让阳光合理地入射进来。

（2）遮阳板遮阳

从室外遮阳板的外立面形式上分为水平式遮阳、垂直式遮阳、挡板式遮阳以及综合式遮阳，如图 4-23 所示。每种对应的遮阳形式适用方位各不同，如水平式遮阳板适合设置在南向，垂直式遮阳板则能阻挡窗侧斜射过来的太阳光线，挡板式遮阳板位于窗户正前方，遮挡住正射的太阳光线，而综合式遮阳板效果最好，其兼顾了水平式遮阳与垂直式遮阳的优点。从材料上，遮阳板可分为：金属板、金属网板、木板、玻璃板、混凝土板。从活动性上，遮阳板可分为：活动遮阳、固定遮阳。

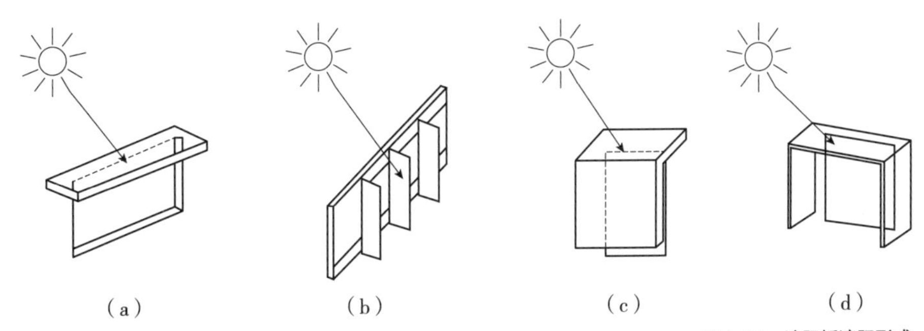

图 4-23 遮阳板遮阳形式

（a）水平式遮阳；（b）垂直式遮阳；（c）挡板式遮阳；（d）综合式遮阳

①水平式遮阳

水平式遮阳用于遮挡太阳高度角较大的入射阳光，适用于主要建筑朝向的采光洞口或外围护结构遮阳。由于在不同地域、不同季节和不同时段太阳高度角和方位角有规律地发生变化，水平遮阳设施形成的阴影区也会随之改变。

②垂直式遮阳

垂直式遮阳用于遮挡早晚时段从窗口两侧斜射过来的太阳高度角较低的入射阳光，适用于主要建筑朝向偏东、偏西方向遮阳，也可用于东西向遮阳。

③挡板式遮阳

挡板式遮阳用于遮挡太阳高度角较小的、正对窗口的入射阳光，适用于东、西向遮阳或在功能上需要避开直射阳光的遮阳。该类遮阳对阳光遮挡的效率最高，可采用遮阳板、遮阳百叶、遮阳帘幕等。

④综合式遮阳

综合式遮阳综合了水平式遮阳和垂直式遮阳两种遮阳的特点，用于遮挡从窗口前上方和两侧照射来的阳光，适用于北半球的南向、东南向和西南向遮阳。现代建筑中“格构式”混凝土板与深凹窗组合的形式就是典型的综合式遮阳。

（3）植物遮阳

植物遮阳主要是指利用落叶乔木或攀缘植物进行遮阳的形式。植物枝叶可以遮挡夏季太阳辐射，叶片通过光合作用将太阳能转化为生物能，叶面通过蒸腾作用增加蒸发散热量降低环境温度，而自身温度升高不明显。

采用种植于建筑主要太阳辐射朝向上的落叶乔木遮阳可以兼顾冬夏两季对太阳辐射的不同需求。夏季茂盛的枝叶可以阻挡阳光，冬季温暖的阳光则可以穿过稀疏的枝条射入室内。利用顶部遮阳抵御夏季太阳暴晒的方式之一是做成遮阳廊道。这种廊道既可以采用百叶遮阳，也可以采用植物遮阳，还可以采用其他形式遮阳。植物遮阳可以是遮阳藤架，也可以是树冠遮盖范围大的树木。植物遮阳的效果通常较遮阳构件要好，最好采用夏季叶茂冬季脱叶的植物，以便让人行空间在冬季白天受到日照。这种布置方式，在干热地区，由于要考虑防热风和尘沙，建筑群有可能布置得比较封闭，遮阳廊道可以形成良好的循环路线。在湿热地区，遮阳廊道走向最好与夏季主导风向一致，以创造更好的冷却效果。

（4）室内帘幕遮阳

内遮阳指的是安装在建筑外围护结构内侧的遮阳设施，多采用窗帘、金属或高分子合成的遮阳百叶等。如果采用内遮阳，太阳辐射大部分会穿过透明围护结构进入室内，虽然内遮阳可以将一部分辐射反射出去，但反射的总量较低。而且进入室内的热量被内遮阳设施吸收后，会逐渐发散到室内。采用内遮阳方式进入室内的辐射热总量约为 50%。

2. 光环境

采光技术将室外的自然光引入室内，改善室内照明质量和自然光利用效果，有利于营造健康、安全、高效、舒适的室内环境，满足生产、工作的视觉需求，保障人的健康和安全，提高工作效率，充分发挥人的视觉效能。同时，天然光是清洁光源，充分利用天然采光可以减少电光源照明能耗，有助于节约能源和保护环境。

1）导光设施

导光设施是一种用于传输自然光的装置。它通常包括安装在屋顶、侧墙或其他采光良好位置的采光装置，这些装置收集自然光，并通过导光管将光线传输到室内或地下空间。在室内或地下空间的末端，漫射器将集中的自然光均匀、大面积地照射到需要照明的地方。导光设施是一种高效、环保的照明解决方案，为建筑实现节能的同时，也给人们带来了更加舒适和自然的照明体验。

（1）棱镜采光

棱镜采光主要通过改变太阳光线的投射方向，更有效地将光线导入建筑内部，实现对自然光的充分和合理利用。这种技术不仅有助于节能，还可以改善室内光环境，提升视觉舒适度。然而，棱镜玻璃的使用多被定位在建筑顶部采光或侧高窗部分，因为透过棱镜玻璃所看到的室内外景象可能会发生变形。

（2）光导管

光导管则是一种无电照明系统，它通过采光罩高效采集室外自然光线，并经过特殊制作的导光管传输，最后由底部的漫射装置将自然光均匀高效地照射到室内任何需要光线的地方。这种系统可以确保从黎明到黄昏，甚至阴天，室内都有充足的光线。光导管的应用范围广泛，可以用于建筑的地下室或走廊的自然采光或辅助照明。

（3）光纤采光

光纤采光则依赖于光纤本身的特殊结构，利用光的全反射原理在光纤中传输光线。光纤由高折射率的核心和低折射率的外壳组成，光在核心中传输时，由于核心的折射率高于外壳，光线会在核心与外壳的界面处发生全反射，从而实现在光纤中的长距离传输。光纤照明的应用方式包括端点发光和体发光，端点发光主要由光投射主机和光纤组成，而体发光则是光纤本身作为发光体。

2）反射装置

反射装置主要有反光板或反光镜等，可以将直射光反射到室内空间的顶棚，再通过顶棚材料的散射为室内照明。

传统的天然采光主要利用天空扩散光，但对于厂房建筑等大跨建筑，扩散光有时不能满足房间深处的照度要求。因此可充分利用太阳直射光，采用反射装置将直射光反射到室内空间的顶棚，再通过顶棚材料的散射为室内照明。由此可以提高照度均匀性，避免产生眩光，解决天然采光与遮阳之间的矛盾，改善、优化室内光环境。

其次，反光板在提高室内环境质量方面也发挥了重要作用。由于反光板能够提升室内采光亮度，它也有助于保持室内湿度适宜和空气清新，从而有益于人体健康。

除了这些功能性的优点，反光板或反光镜还可以作为室内设计的装饰元素。它们可以制成各种颜色和款式，可以根据个人喜好和室内风格进行选择。例如，设计师可以选择将反光板或反光镜挂在墙上，或者将它们嵌入到室内装修设计中，以增加室内的视觉深度和空间感。

此外，反光镜还可以用于创造视觉错觉，使空间看起来更大。比如，将镜子放置在墙壁对面或窗户旁边，可以反射对面的景象或户外的光线，从而扩大空间的视觉效果，增强室内的开阔感和自然感。这种效果在狭小的空间或走廊中尤为明显。

3. 声环境

噪声已成为世界七大公害之一。噪声对人体的伤害基本上可以分两大类，一类是累积的噪声损伤，指工人在日常生活中每天都要接触的具有积累效应的噪声，另一类是突然发生噪声所致的爆震聋，其对职工的危害是综合的、多方面的，它能引起听觉、心血管、神经、消化、内分泌、代谢以及视觉系统或器官功能紊乱和疾病，其中首当其冲的是听力损伤，尤其以对内耳的损伤为主。这些损伤与噪声的强度、频谱、暴露的时间密切相关。噪声危害在工业建筑中普遍存在，采取措施降低噪声造成的危害对保护职工健康有重要作用。

1）吸声材料

材料吸声是指声波入射到吸声材料表面上被吸收，可以降低反射声。一般松散多孔的材料作用是通过大量内外连通且对外开放的微小空隙和孔洞来实现的，吸声效果较好，达到降噪效果，而一般的隔热保温材料的吸声效果并不好。

多孔吸声材料包括各种纤维材料，主要有玻璃棉、岩棉、矿棉等无机纤维和棉、毛、麻等有机纤维，在使用时通常制成毡片或板材，诸如玻璃棉板、岩棉板、矿棉板、木丝板等。

2）隔声措施

隔声是利用隔层将噪声源和接收者分隔开。隔绝外部空间声场的声能称为“空气声隔绝”，隔绝撞击声辐射到建筑空间中的声能称为“固体声或撞击声隔绝”。后者隔绝的也是撞击传播到空间中的空气声，与直接隔绝固体振动的隔振概念不同。

在整体规划中，可通过设置绿化屏障，隔绝声源与建筑之间的声音传播。

在建筑设计中，可以采用隔声墙体，一般厚重密实的材料隔声效果好，例如作为围护结构的砖墙、混凝土墙等；或在建筑物外部使用围护结构或构件降低噪声，例如双层门窗、阳台、花台栏板等均可起到对声波的遮挡作用。

在室内设计中，可以采用隔声吊顶。即在楼板下方一定距离的位置安装吊顶，对空气声、撞击声起一定的隔绝作用，可在吊顶与楼板之间填充多孔吸声材料来进一步改善空气隔声性能。

3）减振措施

（1）设备隔振技术

为了减轻建筑内机器设备运转的振动影响，常用的技术方法是在机器设备上安装隔振器（诸如金属弹簧、空气弹簧、橡胶隔振器等）或隔振垫（橡胶隔振垫、软木、毛毡、玻璃纤维板等），使设备与其基础之间的刚性连接转变为弹性连接。

（2）浮筑楼板减振技术

该技术在钢筋混凝土楼板基层上铺设弹性垫层，在垫层上再做地面面层。楼板与墙体之间留有缝隙并以弹性材料填充，防止墙体成为地面层与基层间的声桥。当楼板面层受到撞击产生振动时，由于弹性材料的作用，仅有小部分振动穿透楼板基层辐射噪声。只要保证浮筑楼板与结构楼板及墙面之间的分离状态，不出现刚性连接形成声桥，就基本能满足撞击声隔声标准要求。

浮筑楼板常用的弹性垫层材料有两类：其一，植物纤维材料，如软木砖、甘蔗板、软质木纤维板和木丝板等。其二，无机纤维材料，如玻璃棉板、岩棉板和矿棉板等。其中无机纤维材料目前已成为浮筑楼板的主要弹性垫层材料。一般常用的弹性面层材料主要有：羊毛地毯、化纤地毯、半硬质塑料地板、再生塑料地板、橡胶地板、再生橡胶地板和软木地板等。

4. 空气质量

室内空气质量是指在室内环境中气体、颗粒物、湿度、温度和气体污染物等因素的综合影响下形成的空气质量状况。它直接关系到员工的健康和舒适感，进而影响生产效率。

1）源头控制技术

（1）合理的空间布局

合理的空间布局有助于优化室内空气的流动和分布。工业建筑通常具有较大的空间和复杂的设备布局，应根据工业生产的流程和特点，合理规划设备布置和人员活动区域，确保空气流通顺畅。

（2）自然通风设计

自然通风是提升室内空气质量的有效手段。通过合理设置隔断和通道，可以避免气流死角和涡流区的形成，提高室内空气的均匀性。同时，可以通过精心设计建筑的开口位置和大小，以及利用风压和热压的原理，实现室内外空气的有效交换。

（3）低污染建材、设备的使用

可以考虑使用具有空气净化功能的材料，如某些类型的涂料和墙纸，它们能够吸附和分解空气中的有害物质。对于工业生产设备，也应选择低排放、低能耗的环保设备，减少生产过程中的污染物排放。

（4）室内绿化的布置

考虑设置室内绿化区域，利用植物的净化作用进一步改善空气质量，降低室内污染物的浓度。

2）空气净化技术

随着智能化技术的发展，建筑环境控制系统也越来越智能化。通过安装传感器和控制系统，可以实时监测室内空气质量、温度、湿度等参数，并根据需要进行自动调节。这种智能化的管理方式可以确保室内环境的舒适性和健康性，同时降低能源消耗和运行成本。

针对工业建筑室内可能存在的特定污染物，如尘埃、有害气体等，可以设立空气净化系统，通过过滤、吸附等方式去除空气中的污染物。同时，建立室内空气质量监测系统，实时监测室内空气质量状况，并根据监测结果进行及时调整和优化。

4.2.2 室内装修

室内装修应在设计阶段注重低碳理念的应用。通过选择合适的装修材料，如低毒、低挥发性有机化合物（VOC）的涂料和粘合剂，以及可回收或可再生的材料，如竹材或回收木材，可以减少室内污染和环境负担，营造适宜的室内基调。采用简洁、现代的设计理念，避免过度装饰和复杂造型，注重空间的多功能性和灵活性，提高使用效率。同时，运用创新的设计理念和绿色构件元素，如室内绿化、绿色墙面或屋顶，有助于提升室内空气质量和生态感，实现室内装修的低碳化和可持续发展。此外，使用集成节能设备，如 LED 灯具、智能照明系统和高效空气净化系统，可进一步提高能源效率。室内装修设计还应引导用户形成节能、环保的行为习惯，如合理调节室内温度、充分利用自然光，减少不必要的能耗，共同促进室内环境的可持续发展。

1. 材料

1）保留金属元素

工业风格的室内设计常常使用裸露的砖墙、钢铁框架和混凝土等原始材料，这些材料不仅具有坚固耐用的特点，还能为室内空间带来独特的质感和氛围。钢铁和金属是工业风格的典型代表，它们坚固耐用，且具有良好的可塑性，可以塑造出各种形态。裸露的钢架、金属管道和装饰元素都能为室内空间增添工业气息。裸露的砖墙和混凝土墙面能够展现出原始和粗犷的美感，符合工业风格的审美。这些材料不仅耐用，还能有效地吸收声音，改善室内声环境。

2）木质元素点缀

尽管工业风格以金属和砖墙为主，但适量地引入木质元素可以起到平衡和点缀的作用。例如，选择木质的地板、家具或装饰板，与金属和砖墙形成对比，增添室内的温暖感和自然感。

3）环保低碳涂料

环保低碳涂料也是现代工业建筑室内设计中不可忽视的选择。这类涂料不含或有含量极低的有机挥发物（VOC）和重金属，如水性涂料、乳胶漆等。它们不仅安全无害，还具备耐水、耐污、防霉、防腐等特性。

2. 色彩

色彩搭配是塑造空间质感的关键。在工业风格的装修中，基本色调一般要根据气候、工艺、空间大小、工作视觉要求、照明特点、劳动保护等具体条件，选用适宜色调，考虑室内整个色调的统一。

中性色和冷色调通常是首选，如灰色、黑色、白色等，这些色彩能够凸显工业风格的简约和粗犷。同时，为了增加空间的活力和趣味性，也可以适当运用暖色调或鲜艳的色彩作为点缀。重要的是要保持色彩的协调和平衡，避免过于杂乱或突兀。

工业建筑室内色彩设计除房间的内表面外，还应包括设备的外表面，即工艺设备、起重运输设备、管道等。为了保证生产中的安全，对于一些容易发生安全事故的设备或设备的某一部分，如机床的传动部分、吊车的吊钩等，宜使用鲜明的色彩与周围颜色成强烈对比。此外，为了便于识别和检修，还应根据技术规定将各种管道漆以不同的颜色。

3. 构件

在装饰性构件的设计中，注重创意性的细节设计能够提升整体设计的趣味性和个性化。例如，在墙面或顶棚上设计一些独特的图案或装饰元素，或者在某个角落设置一个工业风格的装饰装置，都能为室内空间增添独特的魅力。

照明和灯光设计是装饰性构件设计的重要部分。在工业风格的室内设计中，可以选择裸露的电线、工业风格的吊灯或壁灯，以及金属材质的灯具，来营造独特的氛围和光影效果。

金属是工业风格装饰性构件的常用材料。可以设计一些钢铁的装饰板、栏杆、吊灯等，不仅坚固耐用，还能增添现代感和工业气息。

4.2.3 资源利用

在建筑领域，资源的高效利用是实现可持续发展的关键。在水资源利用方面，应注重节约和循环利用，如采用节水器具、建立雨水收集和利用系统、冷却水循环利用系统、水计量和监控系统等。在废弃资源利用方面，对建筑废弃物进行分类收集、回收利用和无害化处理，减少建筑活动对环境的影响；同时，充分利用煤矸石、粉煤灰、矿渣、煤渣等工业固体废弃物，其经过加工后，可转化为可使用的建筑材料。另外，对生产过程中产生的余热、余压、余能回收和再利用，提高能源利用效率和负荷用能可靠性，例如，工业余热可以用来加热生活热水或作为供暖系统的热源，而余压可以用于驱动机械装置或发电。通过技术创新和系统集成，可以最大化地利用这些原本可能被浪费的能源。

1. 水资源

低碳工业建筑利用水资源的方式主要是收集并利用来自屋顶或其他集水区域的降水、工业废水、生产管道蒸汽凝结水。

1）雨水利用

雨水利用的基本流程是：收集→贮存→净化→利用。主要有以下四种方式：屋面雨水集蓄利用、屋顶绿化雨水利用、绿地雨水渗透利用、地面雨水渗透利用。雨水利用应因地制宜，针对不同工业厂房的规模、产业特征，采取一种或几种措施。

（1）屋面雨水集蓄利用

利用建筑屋面作为集雨面将雨水收集起来，可以用于工业生产等方面的杂用水，如浇灌、冲厕、洗衣、冷却循环等系统。屋面雨水集蓄需要经过详细的计划、计算和设计，需要在建筑物内增设系统、设备和设施，收集的雨水水质较好，用途广泛。

（2）屋顶绿化雨水利用

屋顶绿化的土层可以将雨水收集、蓄积、过滤处理。为防止被雨水淹没，屋顶绿化一般都设置透水装置和收集排放装置，雨水经土壤过滤后，可去除大部分悬浮物。

（3）绿地雨水渗透利用

绿地是非常好的渗水、蓄水区域，雨水通过绿地可直接下渗补充地下水。可以将屋面、道路、硬地等不渗水表面的雨水引入绿地，增加其下渗和蓄水量。但绿地的蓄水能力有限，土壤的渗透速度和含水率也比较小，所以绿地不能在短时间内处理大量雨水，超过其处理能力的雨水将转化为径流。

（4）地面雨水渗透利用

道路、场地等地面如果采用透水性铺装能起到很好的渗水、蓄水作用。透水铺装材料性能及其基础构造做法决定了地面的渗水和蓄水性能。良好的地面雨水渗透利用能使其径流系数大大降低。地面雨水渗透对铺装材料、场地做法有特殊要求，但不用做特殊设计，不增加新的系统、设备和设施，是一种建筑场地必备的雨水利用方式。

2）工业废水利用

工业废水是指在工业生产过程中产生的废水、污水和废液。这些废水中含有随水流失的工业生产用料、中间产物、副产品以及生产过程中产生的污染物。工业废水的种类繁多，成分复杂，按其所含主要污染物的化学性质，可分为无机废水和有机废水；按工业企业的产品和加工对象，可分为造纸废水、纺织废水、制革废水、农药废水、冶金废水、炼油废水等；按废水中所含污染物的主要成分，可分为酸性废水、碱性废水、含酚废水、含铬废水、含有机磷废水和放射性废水等。

工业废水再利用是将经过适当处理的废水转化为可以再次利用的水资源的过程。这一方法旨在减少新鲜水资源的使用，同时降低废水排放对环境的污染。实现工业废水再利用主要分为以下步骤：

废水处理——首先，工业废水需要经过一系列处理步骤，包括物理处理、化学处理和生物处理等，以去除废水中的污染物、重金属、油脂、悬浮物等有害成分。

水质提升——经过初步处理的废水，可能需要通过进一步的技术手段提升水质，如逆渗透、电离交换、活性炭吸附、纳米过滤等，以去除剩余的微量污染物，确保再利用水的质量。

再利用途径——根据处理后的水质和水量，再利用水可以用于多种用途。

工业用水——用于冷却、清洗、生产过程中的补充水等。

需要注意的是，不同工业产生的废水特性和再利用需求可能存在差异，因此在实际应用中，需要根据具体情况制定合适的废水再利用方案。同时，确保废水再利用过程符合环保法规和标准，以保障环境安全和公众健康。

3）蒸汽凝结水利用

蒸汽凝结水回收是一个涉及多个步骤和技术的过程，其目标在于有效地回收和利用在蒸汽生产过程中产生的凝结水。实现蒸汽凝结水利用主要分为以下步骤：

凝结水收集——首先，需要收集蒸汽系统中的凝结水。这通常通过在蒸汽管道和设备的特定位置安装凝结水收集装置来实现。这些装置可以有效地将凝结水从蒸汽中分离出来，并引导到后续的回收系统。

水质处理——收集到的凝结水可能含有杂质和污染物，因此需要进行适当的水质处理。这可能包括过滤、沉淀、离子交换或反渗透等技术，以去除水中的悬浮物、溶解性杂质和有害物质。

热能回收——凝结水在回收过程中通常还携带有一定的热能，这部分热能可以通过热交换器或其他热回收设备进行回收和利用。这样不仅可以提高能源利用效率，还可以降低能源消耗和运营成本。

压力调整与输送——根据实际需要，可能需要对回收的凝结水进行压力调整，以便将其输送到不同的使用点。这通常通过泵和阀门等设备来实现，确保凝结水能够安全、稳定地流动到目标位置。

再利用与监控——经过处理的凝结水可以用于多种用途，如锅炉给水、工艺用水、清洗用水等。在使用过程中，需要建立严格的监控体系，定期对水质进行检测和评估，确保凝结水的质量和安全性。

需要注意的是，蒸汽凝结水回收的实现方式和技术选择会根据具体的工业过程、设备条件、水质要求等因素而有所不同。因此，在实际应用中，需要根据具体情况制定合适的回收方案，并遵循相关的环保法规和标准。同时，通过技术创新和持续改进，可以不断提高蒸汽凝结水回收的效率和效益。

2. 废物资源

废弃物主要包括建筑废弃物、工业废弃物，可作为原材料用于生产环保建材产品。在满足使用性能的前提下，鼓励选取利用建筑废弃物为骨料制作的混凝土砌块、水泥制品和配制再生混凝土；选取利用工业废弃物、农作物秸秆、建筑垃圾、淤泥等为原料制作的水泥、混凝土、墙体材料和保温建筑材料等。相关规范要求，在设计中，使用的可循环材料的重量占建筑材料总重量的 10%。充分使用可再循环材料可以减少生产加工新材料对资源、能源的消耗和对环境的污染，对于建筑的可持续发展具有重要的意义。

1）建筑废弃物再利用

在建筑施工、旧建筑拆除和场地清理过程中会产生大量固体废弃物，如果不加处理地弃置堆放，不仅浪费材料，而且会对环境造成污染。在这些废弃物中，有些是可再利用材料，包括砌块、砖石、管道、板材、木地板、木制品（门窗）、钢材、钢筋、部分装饰材料等。有些属于可再循环材料，主要有金属材料（钢材、铜）、玻璃、铝合金型材、石膏制品、木材等。一些危险废物和不可降解的建筑材料，不在可利用范围之内，如聚氯乙烯（PVC）。

建筑废弃物再利用指的是在不改变回收物质形态的前提下，对原有材料进行直接利用，或经组合、分割、修复和翻新等合理处理后进行再利用的建材，一般来说不应改变该建材在原有建筑中起到的功能。

对建筑废弃物的再利用或再循环利用，首先，需要建筑师在建筑设计中具有自觉意识，可以将利用建筑废弃物作为设计创意构思的来源。其次，需要对各类建筑固体废弃物在现场进行分类，这是回收利用废弃物的关键和前提。再次，建筑施工单位应制定“建筑施工废物管理规划”，包括废弃物回收计划、废弃物统计记录、废弃物再利用、再循环技术方法、市场需求调查，计算废弃物回收、处理和再利用成本等。最后，按照规划实施废弃物的回收再利用。

2）工业固体废弃物再利用

可以用于生产水泥和墙体材料等建材的工业固体废弃物包括：冶炼废渣、粉煤灰、尾矿渣、炉渣、煤矸石、脱硫石膏、污泥等主要类别以及其他废物。

水泥行业对工业固体废弃物的综合利用量很大，主要作为水泥掺合料用于替代水泥原料和节约水泥熟料。生产预拌混凝土可以大量利用矿渣、粉煤灰等，水泥的替代量约为15%~40%。烧结砖和各种混凝土制品等墙体材料的生产都可以利用各类工业固体废弃物。例如，利用煤矸石、粉煤灰、矿渣、煤渣等可以生产粉煤灰砖、煤矸石砖、页岩砖、矿渣砖、煤渣砖等；采用经过加工处理的粉煤灰可制造高性能混凝土砌块、压蒸纤维增强粉煤灰水泥墙板、加气混凝土砌块与条板等墙体材料；应用页岩、煤渣等工业废弃物代替天然石材，作为生产加工混凝土砌块或现浇混凝土墙的集料；利用磷石膏、氟石膏、排烟脱硫石膏等工业副产品石膏废渣代替天然石膏制造石膏板、石膏砌块等。

3. 工业余热

1）生产余热回收

工业生产过程中往往存在大量中、低温的余（废）热，这部分热量由于品位较低，一般很难在工艺流程中直接被利用。鼓励将这些余（废）热用于工业建筑的空调、供暖及生活热水等。当余（废）热量较大时，可考虑在厂区建立集中的热能回收供热站，对周边建筑集中供热，以降低能源的消耗。

2）设备余热回收

工业建筑的空调、通风（含除尘）系统的排风和冷却水中，蕴藏着很大的能量。有条件时，可依托热回收技术，通过设置全热或显热交换器回收能量，用于新风的预热（冷）或（经必要的净化处理）用于空调的回风等。但是，热回收是否有经济价值、回收系统是否可行，需经技术经济和风险分析后确定是否采用及其具体方案。

工业余热的具体形式见 5.6 节。

4. 再生资源

按我国的《可再生能源法》，可再生能源是指“风能、太阳能、水能、生物质能、地热能、海洋能等非化石能源”。可再生能源的热利用要根据当地的能源价格现状和趋势，与常规系统形式进行全年能耗比较，经技术经济分析比较后再确定。

以上几种能源中，建筑实际使用较多的是太阳能、地热能、空气能等能源。主要应用技术包括：

1）太阳能利用

太阳能在建筑领域的应用对于实现能源的可持续利用具有重要意义，主要包括太阳能光热系统和光电系统。太阳能光热系统通过集热器捕获太阳辐射能，将光能转换为热能，用于供暖、热水供应以及工业加热等。这些系统通常包括平板集热器、真空管集热器等，能够根据不同的气候条件和建筑需求进行设计和优化。在寒冷地区，太阳能光热系统可以作为辅助热源，与锅炉、热泵等其他热源结合使用，以提高供暖系统的总体效率和经济性。

太阳能光电系统，即太阳能光伏系统，通过太阳能电池将太阳光直接转换为电能。光伏电池板安装在建筑屋顶或墙面上，不仅能够为建筑物提供电力，还可以通过并网将多余的电力输送到电网，实现能源的共享和优化配置。随着光伏技术的进步和成本的降低，太阳能光电系统已成为许多新建建筑和既有建筑改造的首选可再生能源技术。

综合利用太阳能光热和光电系统，可以实现建筑能源的自给自足，减少对传统能源的依赖，降低能源消耗和碳排放，对促进建筑行业的绿色转型和可持续发展具有积极作用。

工业建筑中太阳能利用的具体形式见 5.6 节。

2）地热能利用

地热能的主要利用方式是地源热泵。地源热泵技术是利用地下的土壤、地表水、地下水温度相对稳定的特性，通过消耗电能，在冬天把低位热源中的热量转移到需要供热或加温的地方，在夏天还可以将室内的余热转移到低位热源中，达到降温或制冷的目的。地源热泵不需要人工的冷热源，可以取代锅炉或市政管网等传统的供暖方式和中央空调系统。冬季它代替锅炉从土壤、地下水或者地表水中取热，向建筑物供暖；夏季它可以代替普通空调向土壤、地下水或者地表水放热给建筑物制冷，同时，它还可供应生活用水，是一种有效地利用能源的方式。

采用地源热泵系统（利用土壤、江河湖水、污水、海水等）要考虑其合理性，如有较大量余（废）热的工业建筑，应优先利用余（废）热；要考虑地源热泵的使用限制条件，如地域条件和对地下水资源的影响等，应注意对长期应用后土壤温度和地下水资源状况的变化趋势预测等。由于对舒适性空调的要求一般，地源热泵系统较为适用；但工业建筑的工艺性空调要求一般较高或要求较为特殊，采用地源热泵作为冷热源，应对其能提供的保障率进行分析后再使用。

工业建筑中地热能利用的具体形式见 5.6 节。

3）空气能利用

空气能，作为一种清洁且可再生的能源，在建筑领域的应用日益广泛，尤其在供暖、制冷和热水供应系统中发挥着重要作用。空气能的利用方式包括直接利用和间接利用。其中，直接利用包括自然通风降温等方式；间接利用主要为空气源热泵技术。

空气源热泵技术，通过高效地从空气中提取热量，即便在低温环境下也能提供稳定的热能，用于满足建筑物的供暖和热水需求。这种技术的原理是利用制冷剂在蒸发器中吸收空气中的热量，然后在冷凝器中释放，通过循环系统传递到建筑内部，实现供暖或制取热水。

此外，空气能的利用还包括通过太阳能辅助加热空气，以及在通风设计中考虑空气流动的自然原理，如利用热压和风压差促进空气流通，减少机械通风的需求。这些方法不仅有助于提高能源效率，还能显著降低建筑物的运营成本。

工业建筑中空气能利用的具体形式见 5.6 节。

4.2.4 高效能设备

高效能设备通过采用先进的技术和材料，能够显著提高能源利用效率，降低能源消耗和碳排放。在高效能设备与低碳工业建筑设计的结合中，应注重整体性和协同性。选择高效能设备时，考虑其能效标签、性能参数和适用性，确保与建筑的能源需求和工艺流程相匹配，如高效能的供暖、通风和空调系统、LED 照明系统、节能型电梯和自动扶梯等。高效能设备应与建筑的能源管理系统集成，通过智能控制和优化运行策略，实现能源的最优分配和使用。同时，还需要考虑设备的运行和维护成本，确保高效能设备在长期使用中能够保持稳定的性能，通过定期维护和校准预防设备故障，延长使用寿命。进行成本效益分析，评估高效能设备在长期运营中的经济效益，包括节省的能源费用和减少的碳排放成本，以确保整体性和协同性，共同实现节能环保和可持续发展目标。

工业建筑中高能效设备的详细介绍见第 5 章。

第5章 工业建筑低碳建筑设备系统

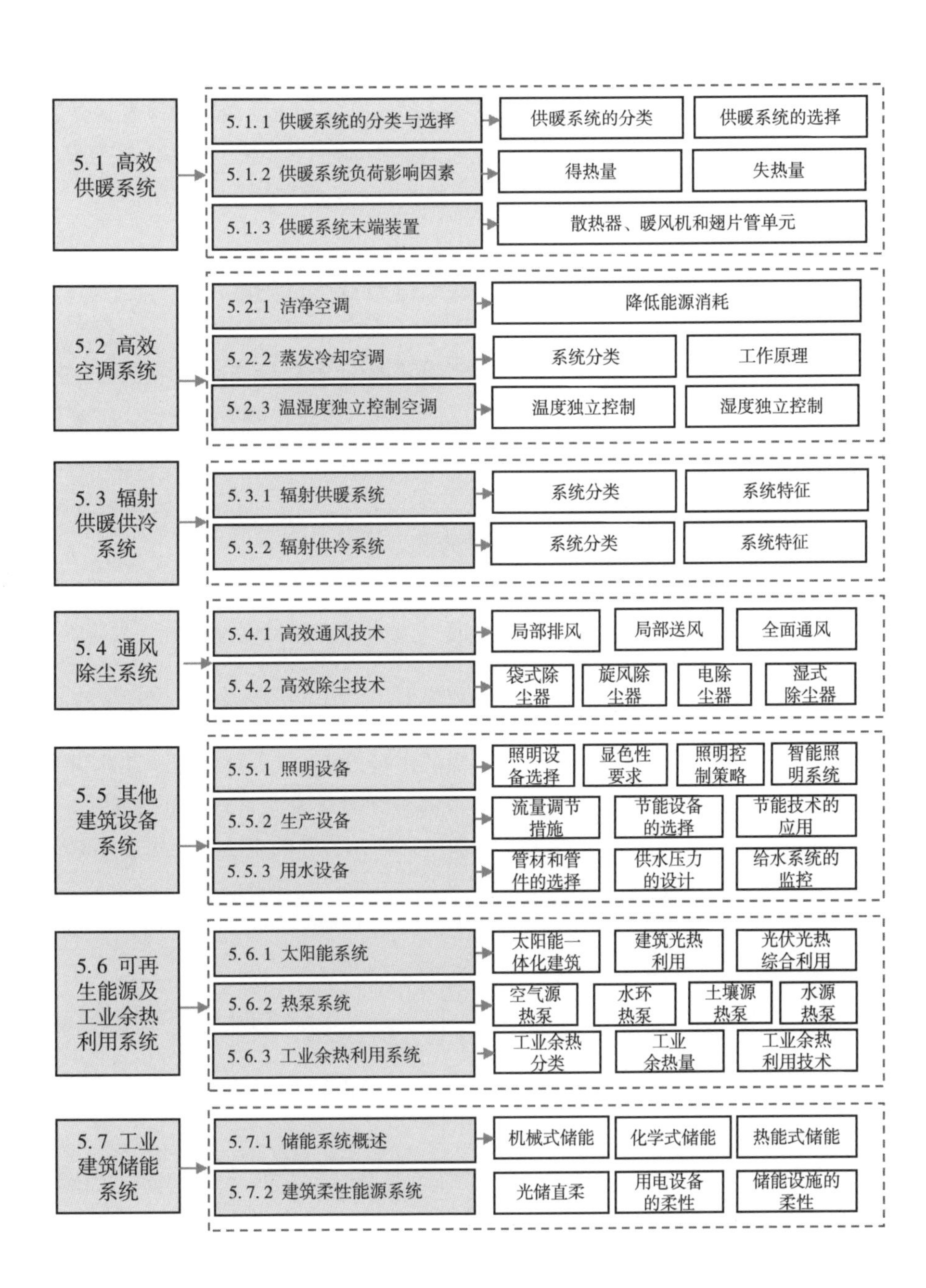

与工业建筑环境控制需求相适应的供暖、空调系统形式，和民用建筑有所不同，例如，热水和蒸汽是集中供暖系统中最常用的两种热媒，其中蒸汽供暖系统在民用建筑中很少应用，但在工业建筑中，由于便于利用既有的高温蒸汽作为热媒进行供暖，加之高温蒸汽散热量大，所需供暖系统末端装置小，使得蒸汽供暖成为工业建筑适宜性良好的供暖方式之一；由于工业建筑空间高大，辐射供暖（冷）系统在工业建筑中具有显著的节能降碳潜力；工业建筑内经常有较强的显热余热量，通过蒸发冷却空调系统比较容易提供较大的供冷量，从而营造良好的室内环境。

5.1.1 供暖系统的分类与选择

供暖就是用人工方法通过消耗一定的能源向室内供给热量，使室内保持生活或工作所需温度的技术、装备、服务的总称。供暖系统是为使建筑物达到供暖目的，而由热源或供热装置、散热设备和管道等组成的网络。

1. 供暖系统的分类

供暖系统按照承担热负荷的介质种类不同可以分为热水供暖系统、蒸汽供暖系统、热风供暖系统，以及辐射供暖系统。其中，辐射供暖系统在5.3节详细介绍。

1）热水供暖系统

以热水作为热媒的供暖方式称为热水供暖。热水供暖系统根据不同特征可进行四种分类。根据系统循环动力可分为重力循环系统和机械循环系统，如图5-1所示，根据供、回水方式的不同可分为单管系统和双管系统；根据

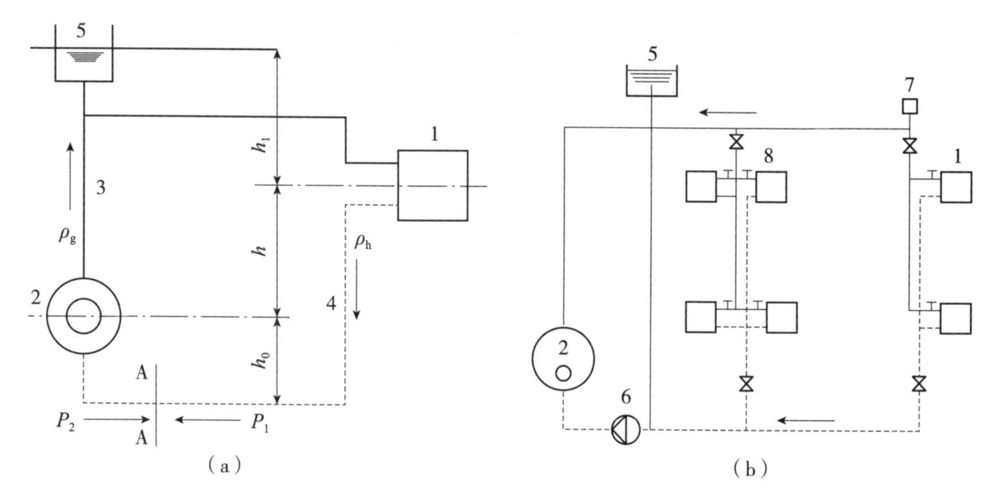

图5-1 热水供暖系统原理图

（a）重力循环系统；（b）机械循环系统

1—散热器；2—热水锅炉；3—供水管路；4—回水管路；5—膨胀水箱；6—循环水泵；7—集气罐；8—放气阀

系统管道敷设方式的不同可分为垂直式系统和水平式系统；根据热媒温度的不同可分为低温水供暖系统和高温水供暖系统。

2）蒸汽供暖系统

蒸汽供暖系统，一种利用蒸汽作为热媒以加热室内空气的供暖技术，主要应用于工业建筑及其辅助设施。如图 5-2 所示，该系统工作原理为：蒸汽自热源出发，通过蒸汽管道输送至散热设备，释放热量后凝结为水，通过疏水器回收并返回热源再次加热。

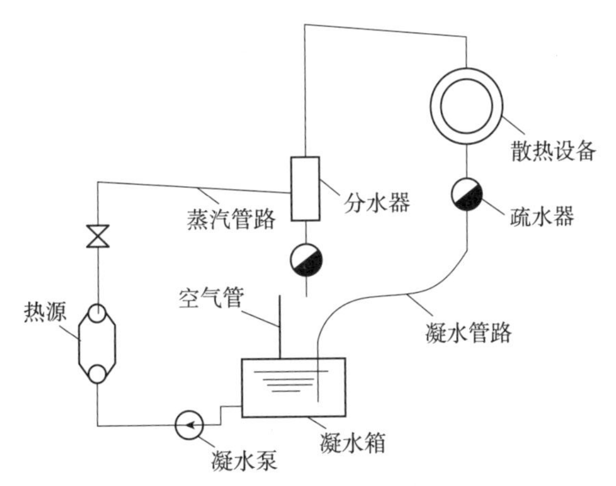

图 5-2　蒸汽供暖系统原理图

根据供汽压力的不同，蒸汽供暖系统可划分为高压、低压和真空三种类型。高压系统供汽压力超过 0.07MPa，低压系统供汽压力不超过 0.07MPa，而真空系统的压力则低于大气压。此外，系统亦可根据凝结水回收方式分为重力回水和机械回水系统，根据是否与大气相通分为开式和闭式系统，以及根据凝结水在管道中的充满程度分为干式和湿式回水系统。

相较于热水供暖系统，蒸汽供暖系统中的蒸汽在散热设备中通过凝结放热，涉及相态变化。由于蒸汽的比容显著高于热水，且其在系统中流动时状态参数变化较大，因此蒸汽管道的流速通常高于热水，以减少温度滞后现象。

蒸汽的饱和温度随压力增加而升高，工业蒸汽锅炉的表压力通常可达 1.275MPa，产生约 195℃的饱和蒸汽，满足多数工业生产过程的热需求，并可作为动力源（如用在蒸汽锻锤上）。因此，蒸汽供暖系统在工业领域具有广泛的适应性和应用价值。

3）热风供暖系统

热风供暖系统是以热空气为供暖介质的对流供暖方式（图 5-3）。热水管路中的热水进入到暖风机后与冷空气换热，将冷空气加热，冷空气吸收热量变成热空气后由暖风机将其送出至供暖房间，从而保证房间中人体的舒适度。一般指用暖风机、空气加热器将室内循环空气或从室外吸入的空气加热的供暖系统。适用于建筑耗热量较大以及通风耗热量较大的车间，也适用于有防火防爆要求的车间。

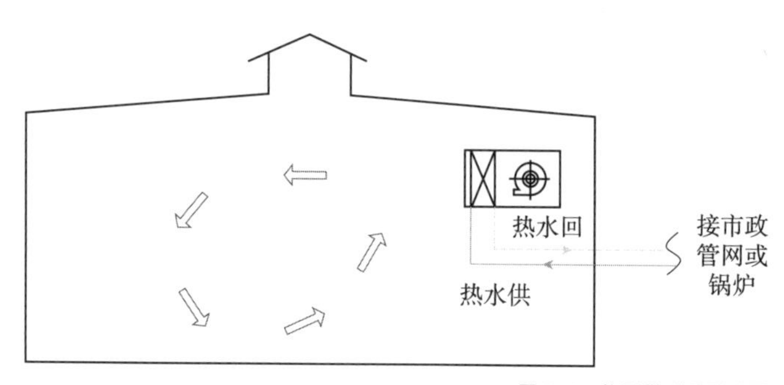

图 5-3　热风供暖系原理图

热风供暖的优点是可以分散或集中布置，热惰性小，升温快，散热量大，设备简单，投资效果好。但因为热风供暖系统蓄热量小，室内热环境稳定性差，严寒及寒冷地区的工业建筑不宜单独采用热风系统进行冬季供暖，宜采用散热器供暖、辐射供暖等系统形式。热风供暖的形式有：集中送风，管道送风，悬挂式和落地式暖风机等。其主要的形式是集中送风，集中热风供暖是指通过风道与空气分布装置将热空气送至供暖区域的供暖方式。适用于允许采用再循环空气供暖的车间，如机械加工、金工装配、工具辅助和焊接等备料工段的车间。对于内部隔断较多、全面散发灰尘以及大量排毒的车间，不宜采用集中送风供暖。与分散式管道送风供暖方式相比较，集中热风供暖不仅可以节省大量送风管道与供暖管道的投资，而且车间温度梯度小。需要注意的是，位于寒冷地区或严寒地区的工业建筑采用热风供暖时，宜采用散热器供暖系统作为值班供暖系统。

2. 供暖系统的选择

目前，在我国建筑节能的各个环节中，供暖（供热）系统的节能潜力很大。供暖系统的选择对建筑节能有重要的影响。为了保证工业建筑中供暖系统满足生产工艺需求，在选择供暖方式时，应考虑建筑物的功能及规模、所在地区气象条件、能源状况、能源政策、环保等要求，最终通过技术经济比较确定。供暖系统按热媒不同分为热水供暖系统、蒸汽供暖系统和热风供暖系统。热水和蒸汽是集中供暖系统最常用的两种热媒。从实际使用情况看，热水作热媒不但供暖效果好，而且锅炉设备、燃料消耗和司炉维修人员等比使用相较蒸汽供暖减少了 30% 左右。但在工业建筑中热水作热媒不一定是最佳选择，而应根据建筑类型、供热情况和当地气候特点等条件选择供暖工质，例如，由于蒸汽来得快、热得快，蒸汽供暖对严寒地区的高大厂房尤为适用。工业建筑常见的供暖系统热媒选择见表 5-1。

工业建筑供暖系统热媒的选择　　表 5-1

建筑种类	适宜采用	允许采用
不散发粉尘或散发非燃烧性和非爆炸性粉尘的生产车间	● 低压蒸汽或高压蒸汽 ● 不超过 110℃的热水 ● 热风	不超过 130℃的热水
散发非燃烧和非爆炸性有机无毒升华粉尘的生产车间	● 低压蒸汽 ● 不超过 110℃的热水 ● 热风	不超过 130℃的热水
散发非燃烧性和非爆炸性的易升华有毒粉尘、气体及蒸汽的生产车间	与卫生部门协商确定	
散发燃烧性或爆炸性有毒气体、蒸汽及粉尘的生产车间	根据各部及主管部门的专门指示确定	
任何体积的辅助建筑	● 低压蒸汽 ● 不超过 110℃的热水	高压蒸汽
设在单独建筑内的门诊所、药房、托儿所及保健站等	不超过 95℃的热水	● 低压蒸汽 ● 不超过 110℃的热水

5.1.2　供暖系统负荷影响因素

在冬季，为了维持室内空气一定的温度，需要由供暖设备向供暖房间供出一定的热量，称该供热量为供暖系统的热负荷。

为设计供暖系统，即为了确定热源的最大出力（额定容量），确定系统中管路的粗细和输送热媒所需安装的水泵的功率，以及为了确定室内散热设备的散热面积等，均须以本供暖系统所需具有的最大的供出热量值为基本依据，这个所需最大供出热量值叫作供暖系统的设计热负荷。由于影响供暖热负荷值的主要因素是室内外空气的温差，故把在室外设计温度下，为维持室内空气在卫生标准规定的设计温度所必须由供暖设备供出的热量，叫作供暖系统的设计热负荷。

对一已知房间而言，决定供暖热负荷值的因素是房间的得热量与失热量。在稳态传热条件下，用房间在设计条件下的得失热量的平衡，或者说，在设计条件下，列出房间的热平衡式，便可确定房间的供暖设计热负荷。在供暖设计热负荷计算中，通常涉及的房间得失热量有：通过建筑围护物的温差传热量；通过建筑围护物进入室内的太阳辐射热量；通过建筑围护物上的孔隙及缝渗漏的室外空气吸热量；从开启的门、窗、孔洞等处冲入室内的室外空气的吸热量。其他的得失热量不普遍存在。

5.1.3 供暖系统末端装置

散热器、暖风机和翅片管单元等都是供暖系统的末端装置。其中，散热器是最常见的供暖系统末端散热装置，其功能是将供暖系统的热媒（蒸汽或热水）所携带的热量，通过散热器壁面传给房间，常用的为铸铁散热器和钢制散热器。铸铁散热器中的翼型散热器则多用于工业建筑。钢制散热器与铸铁散热器相比具有金属耗量少、耐压强度高、外形美观整洁、体积小、占地少、易于布置等优点，但易受腐蚀、使用寿命相对较短。由于厚壁型钢制柱散热器、钢制高频焊翅片管对流散热器安全耐用性高，多用于工业建筑。

空气调节（简称空调）是一种使服务空间内的空气温度、湿度、清洁度、气流速度等参数达到给定要求的技术。空气调节技术广泛运用在生产生活的方方面面：在商场、办公室、民用住宅等运用空气调节技术来提高室内环境的热舒适性。而工业生产中，主要以达到室内的某种工艺条件而运用空气调节技术。比如：以湿度为主要控制参数的印刷厂、纺织厂等工业厂房；以洁净度为主要控制参数的电子厂房、各种洁净室等。

5.2.1 洁净空调

洁净室因其严格的环境控制需求、高空气交换频率和特定工艺要求，导致其能耗需求显著。具体表现在：

（1）为确保产品质量和生产流程的稳定性，洁净室需对室内温湿度及颗粒物浓度进行精确控制，这要求空调系统提供持续的温度和湿度调节及高效的空气净化；

（2）生产过程中产生的微粒和其他污染物要求洁净室维持高空气交换率，使得空调系统需频繁更新室内空气，产生显著的冷却和加热负荷；

（3）生产设备运行中产生的热量要求空调系统具备强大的冷却能力，以维持设备的正常工作环境和室内温度的恒定。洁净室空调系统的能耗约占总能耗的 30% 至 35%，且存在冷热抵消现象，导致能源浪费。全年的大规模冷却操作使得洁净室的冷却负荷远高于一般建筑物。

为提高能效，采用集成热回收和自然冷却技术的洁净空调系统，可有效解决冷热抵消和低效率问题。系统工作过程包括：①热回收过程（图 5-4），通过新风处理单元（MAU）和干冷却盘管（DCC）建立的水循环系统，实现室外新风与室内回风之间的热量传递，减少不必要的加热和冷却负荷；②自然冷却过程（图 5-5），利用冷却塔在适宜气候条件下，通过冷却水循环与制冷剂水回路相连，利用室外湿球温度较低的自然冷源预先冷却冷冻水，降低中央冷却系统的负荷；③系统工作模式根据室外湿球温度、冷冻水温度和预设温差，在制冷模式、部分自然冷却模式和全自然冷却模式之间切换。

夏季，系统通过热回收设计减少冷热抵消现象，提高冷却效率。室外空气在空气处理机组中经冷却盘管冷却和除湿，热回收设计通过回热泵和水循环系统在再加热盘管与干式冷却盘管之间进行热量交换，预冷室外新风并利用回收热量对回流空气进行干燥冷却，减少制冷机负荷。冬季，系统利用室外冷源进行自然冷却，降低制冷机工作负荷，并通过热回收技术减少蒸汽加热耗能，即使在严寒季节也能显著减少对蒸汽加热的需求。

总体而言，该系统在夏季通过热回收设计减少能源浪费，在冬季结合热

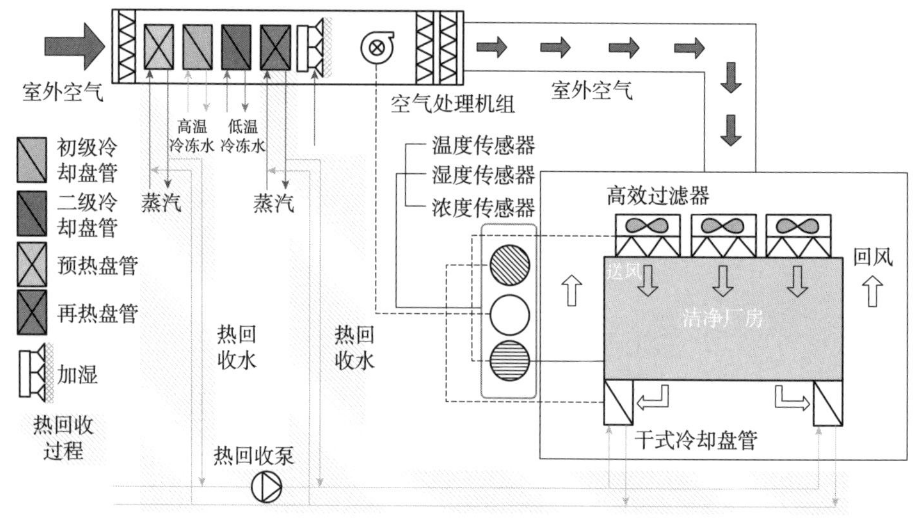

图 5-4　集成热回收和自然冷却的洁净空调——空气侧

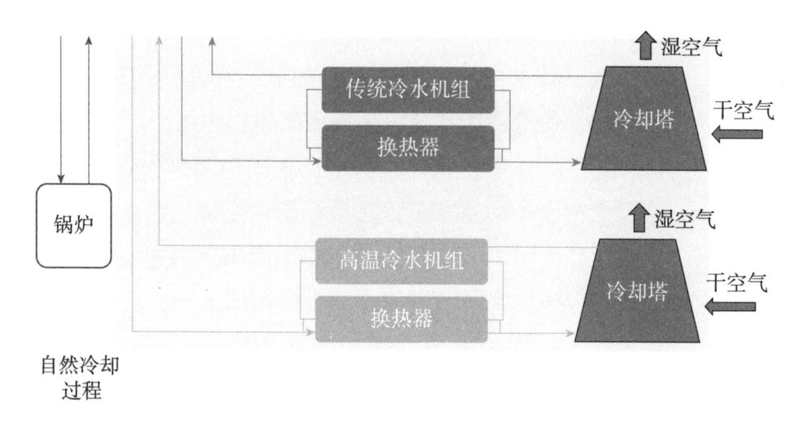

图 5-5　集成热回收和自然冷却的洁净空调——水侧

回收和自然冷却技术降低制冷和加热需求，有效降低了全年 2.3%~33.1% 的冷却 / 加热负荷，节省了 1.2~15.8GJ/m^2 的一次能源消耗。

5.2.2　蒸发冷却空调

蒸发冷却空调系统是利用室外空气中的干、湿球温度差所具有的“干空气能”，通过水与空气之间的热湿交换对送入室内的空气进行降温或除湿的空调系统，在不利的自然环境条件下，加以机械制冷、除湿等技术的辅助。

蒸发冷却空调系统是一种环保、高效且经济的空调系统，广泛应用于居住建筑和公共建筑中，并可在传统的工业建筑中提高工人的舒适性。在干燥地区，可利用“干空气能”达到明显的节能效果。目前，蒸发冷却空调技术已在我国新疆、甘肃、宁夏、陕西等西北地区得到广泛应用。

1. 蒸发冷却空调系统分类

蒸发冷却空调系统可以按三种分类形式分类：按空气处理设备集中程度分类，按产出介质（产出介质是经过蒸发冷却后获得的冷水或冷风，其中在间接蒸发冷却空调器中获得的冷风介质叫作一次空气）形式分类和按技术形式分类。

蒸发冷却空调系统按照空气处理设备的集中程度可以分为集中式、半集中式和分散式通风空调系统。

蒸发冷却空调系统形式与传统空调系统形式相似。

蒸发冷却空调系统按照产出介质分类可分为：风侧蒸发冷却空调系统、水侧蒸发冷却空调系统。根据蒸发冷却空调原理，采用包含直接或者间接蒸发冷却方法获取冷风的空调系统形式称为风侧蒸发冷却空调系统，采用包含直接或者间接蒸发冷却方法获取冷水的空调系统形式称为水侧蒸发冷却空调系统。

蒸发冷却空调系统按照技术形式分类可分为：直接蒸发冷却空调技术、间接蒸发冷却空调技术、间接—直接蒸发冷却复合空调技术、蒸发冷却—机械制冷联合空调技术。

2. 蒸发冷却空调系统工作原理

蒸发冷却空调系统按技术形式分为四类，但单从蒸发冷却原理上分为两种：直接蒸发冷却工作原理和间接蒸发冷却工作原理。

1）直接蒸发冷却工作原理

直接蒸发冷却工作原理是利用自然条件中空气的干、湿球温度差来获取降温幅度。蒸发动力是水与空气直接接触界面处存在水蒸气分压力差，室外空气在风机的作用下流过被水淋湿的填料而被冷却，空气的干球温度降低而湿球温度保持不变，蒸发冷却器通过液态水汽化吸收潜热来降低空气温度。其物理过程如图 5-6 所示。直接蒸发冷却的制冷过程可分为绝热加湿冷却和非绝热加湿冷却。当冷却器使用循环水时，喷淋到填料上的水温等于冷却器进风湿球温度，在空气与水温差作用下，空气传给水的显热量在数值上恰好等于在二者水蒸气分压力差的作用下，水蒸发到空气中所需要的汽化潜热，总热交换为零。

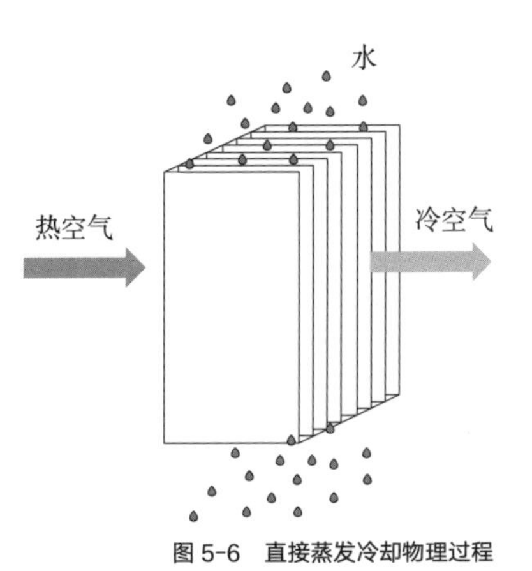

图 5-6　直接蒸发冷却物理过程

2）间接蒸发冷却工作原理

间接蒸发冷却是将被冷却空气（一次空气）与喷淋侧空气（二次空气）利用通道隔开，在湿通道内喷淋循环水，二次空气发生直接蒸发冷却过程，干通道中的一次空气只被冷却不被加湿。喷淋装置采用循环水，则可近似认为水温在整个过程中保持不变，喷淋水充当了传热媒介，吸收一次空气释放的显热，再以潜热的形式传递给二次空气，最终随着二次空气的运动而带走。间接蒸发冷却空调的结构虽然比较复杂，但比直接式蒸发冷却空调有着较高的适用性。因为在理论上，空气通过直接蒸发冷却只能达到出口的湿球温度，而间接蒸发冷却可以达到入口空气的露点温度，此外，间接蒸发冷却可以比直接蒸发冷却更好地控制湿度。虽然间接蒸发冷却技术有结构比较复杂和实际一次空气难达到露点要求的缺点，但间接蒸发冷却系统的适用性较直接式蒸发冷却系统更广。

目前，在实际工程中应用的传统间接蒸发冷却器有两种基本形式：板式间接蒸发冷却器和管式间接蒸发冷却器，其结构如图 5-7（a）和图 5-7（b）所示。可以看出，无论是板式还是管式间接蒸发冷却器，一、二次空气被换热间壁隔开，一次空气在干通道内水平流动，喷淋水在湿通道内从上向下流动，二次空气在湿通道内从下向上流动与喷淋水进行热质交换作用，带走一次空气中的显热使其得到冷却降温。

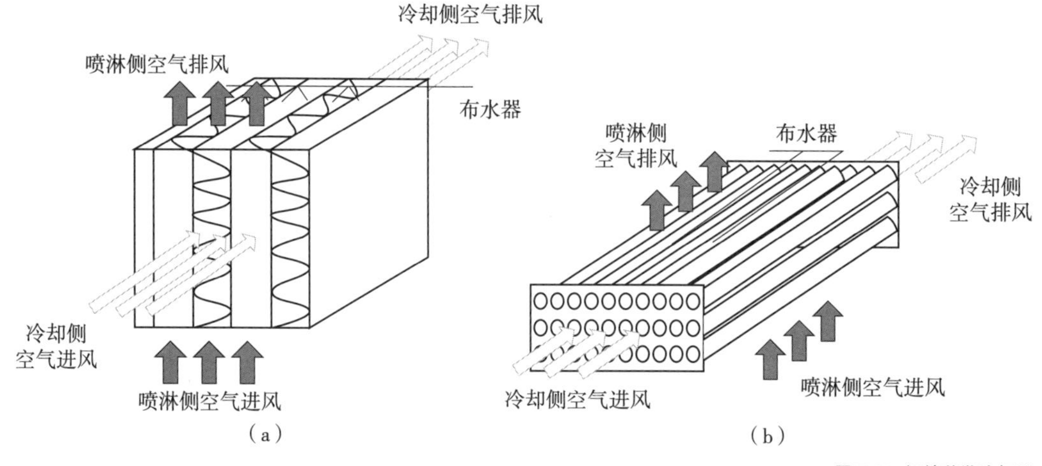

图 5-7 间接蒸发冷却器
（a）板式间接蒸发冷却器；（b）管式间接蒸发冷却器

由于板式间接蒸发冷却器内一、二次空气通道较为狭窄，整体结构较为紧凑，与管式间接蒸发冷却器相比，具有较高的换热效率，得到了人们较多的关注，因此在实际工程中也得到了更多的应用。《工业建筑供暖通风与空气调节设计规范》GB 50019—2015 的条文 8.3.9 给出以下三种情况适合使用蒸发冷却空调系统：室外空气计算湿球温度小于 23℃的干燥地区；显热负荷大，但散湿量较小或无散湿量，且全年需要以降温为主的高温车间；湿度要求较高的或湿度无严格限制的生产车间。在室外气象条件满足要求的前提下，推荐在夏季空调室外设计湿球温度较低的干燥地区（通常在低于 23℃的地区），采用蒸发冷却空调系统，降温幅度大约能达到 10~20℃的明显效果。

工业建筑是应用蒸发冷却空调的最大领域，例如高温车间、空调区相对湿度较高的车间。对于工业建筑中的高温车间，如铸造车间、熔炼车间、动力发电厂汽机房、变频机房、通信机房（基站）、数据中心等，由于生产和使用过程散热量较大，但散湿量较小或无散湿量，且空调区全年需要以降温为主，这时，采用蒸发冷却空调系统，或蒸发冷却与机械制冷联合使用的空调系统，与传统压缩式空调机相比，耗电量只有其 1/10~1/8。全年中过渡季节可使用蒸发冷却空调系统，夏季部分高温高湿时段蒸发冷却与机械制冷联合使用，有利于空调系统的节能。对于纺织厂、印染厂、服装厂等工业建筑，由于生产工艺要求空调区相对湿度较高，宜采用蒸发冷却空调系统。另外，在较潮湿地区（如南方地区），使用蒸发冷却空调系统一般能达到 5~10℃左右的降温效果。江苏、浙江、福建和广东沿海地区的一些工业厂房，对空调区湿度无严格限制，且在设置有良好排风系统的情况下，也广泛应用蒸发式冷气机进行空调降温。

5.2.3 温湿度独立控制空调

温湿度独立控制空调系统是温度和湿度独立控制的两套系统，分别对室内温度、湿度独立控制调节，有效地避免了集中空调系统的弊端，该系统在节能和提高空气品质方面具有特殊优势。

温湿度独立控制空调系统主要有 4 套设备：出水温度为 19℃左右的高温冷水机组、去除显热的室内末端装置、制备干燥新风的新风处理机组和去除潜热的室内送风末端装置。温湿度独立控制空调系统可分为两大主要系统：显热处理系统与潜热处理系统，分别控制室内温度与湿度，这两套系统独立调节，系统构成如图 5-8 所示。

显热处理系统主要由温度控制系统组成，主要处理室内的显热负荷，即围护结构传热量、门窗透入的太阳辐射热量、室内人员和照明设备的产热量等，由于该系统无除湿任务，因此可采用高温冷源，将蒸发温度提高，冷冻

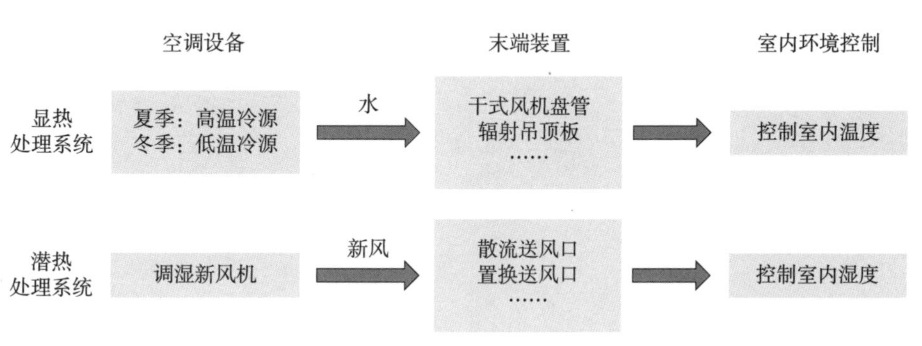

图 5-8　温湿度独立控制空调系统构成

水温度采用 17~19℃左右的高温，能充分利用多种天然冷源，制冷效率相比常规空调系统可提高 30% 左右。高温冷水一般通过土壤源换热器、间接蒸发冷却、深井回灌和高温冷水机组制备。潜热处理系统由新风处理机组、新风管路和送风末端装置构成。新风用来除湿，不受温度调节的限制。

调湿新风机组夏季工况如图 5-9（a）所示，室外高温潮湿的新风进入机组后，先被预冷段的高温冷冻水（12~17℃或 14~19℃）降温除湿后，然后再进入溶液除湿模块独立除湿，达到送风湿度状态点，再与室内回风混合后，进入后表冷段，同样使用高温冷水降温达到送风温度状态点，最后送入车间。在除湿单元在吸收了空气中的水分而浓度变稀、吸水能力下降的溶液，被溶液泵送入机组上层的再生模块，与再生新风接触，向新风中释放水分，实现溶液浓缩再生。溶液被浓缩后再次送入机组下层的除湿单元，进行下一次的循环。冬季工况如图 5-9（b）所示，只需切换压缩机内的四通阀从而改变制冷剂循环方向，便可实现空气的加湿功能。

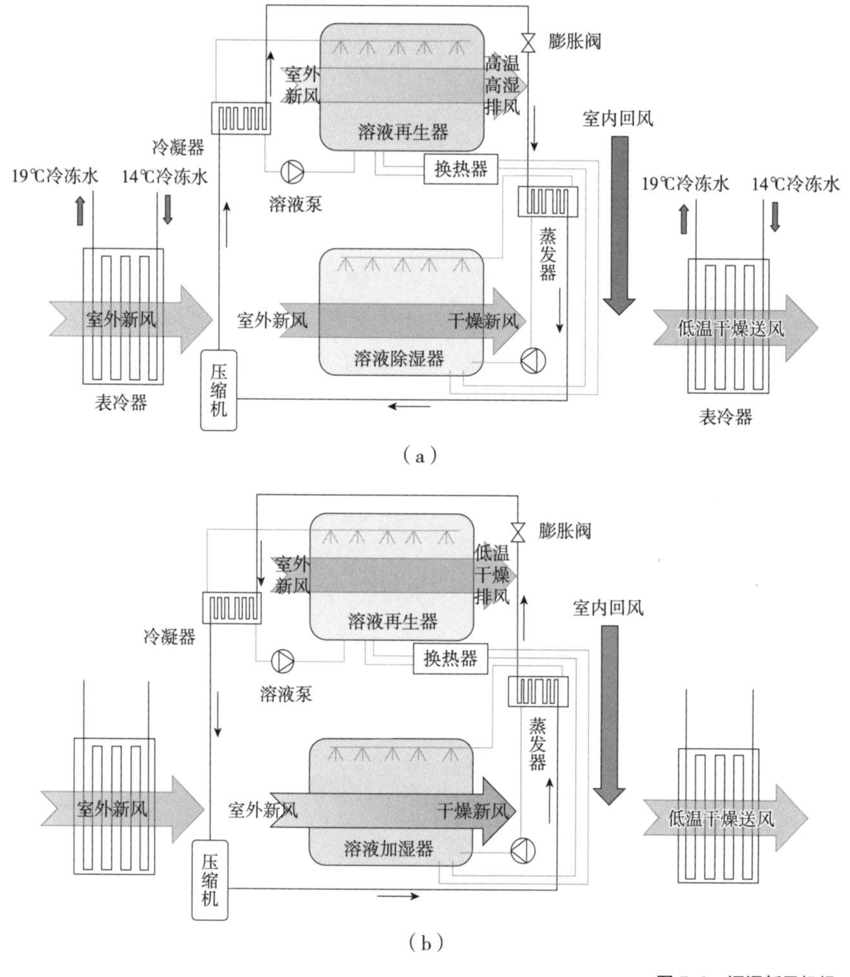

图 5-9　调湿新风机组
（a）夏季工况；（b）冬季工况

相比常规空调系统，温湿度独立控制空调系统将温度与湿度分开控制，消除了冷冻除湿中的再热带来的冷热抵消损失，采用高温冷源处理室内显热，系统能耗大幅度降低；同时溶液除湿过程无冷凝水表面，减少霉菌滋生，溶液本身还可以杀灭空气中大部分细菌，提高室内空气品质；梅雨季节时，仅有除湿要求，无需降温，可只开启溶液调湿机组，关闭风冷热泵机组，减少其运行时间。

从节能方面来看，温湿度独立控制空调系统使得某印刷车间的空调能耗从 0.85kWh/（$d \cdot m^2$）降低到 0.56kWh/（$d \cdot m^2$），节能率达 34.12%；对于某烟草储存仓库，使用此空调系统节能率高达 43%；对于某高湿车间，使用此系统降低了空调室内温度控制要求，增大送风焓差，从而降低空调负荷 51.5% 及机组风量 74.7%，并且全年耗电量降低 38%。

辐射供暖（冷）是指主要依靠供热（冷）部件与围护结构内表面之间的辐射换热向房间供热（冷）的供暖（供冷）方式。

如图 5-10 所示，辐射板系统在空调应用中必须和新风系统同时运行，属于空气—水系统，也属半集中式空调系统。辐射板系统的末端装置是以辐射换热为主的传热构件。辐射板换热装置只可以负担显热负荷，而夏季室内湿负荷主要由送入的新风负担，因此采用辐射板供冷时，为防止板表面结霜，冷水温度一般在 16~18℃。冬季供暖时，为了便于选择冷热源，辐射板的供水温度一般在 30~35℃。

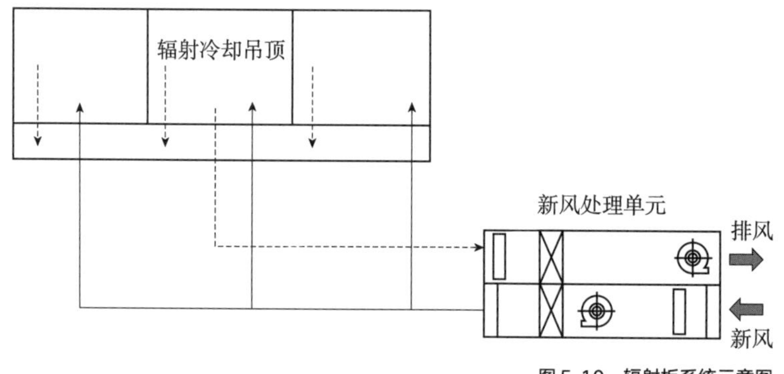

图 5-10　辐射板系统示意图

辐射板根据基本构造可分为两类：一类是与传统的辐射供暖方式相同，将高分子材料的管材或金属管道直接埋入混凝土地板中，形成与房间面积相同的辐射换热面，从而与在室内的人体进行以辐射为主体的换热。这种方式的特点是必须在现场施工，另外，由于该方式具有很大的蓄热性，故其运行工况非常稳定。除了在混凝土内埋管外，当仅需供暖时也有采用埋设发热电缆的方式。图 5-11 为全室型现场埋管的混凝土辐射板结构示意图。

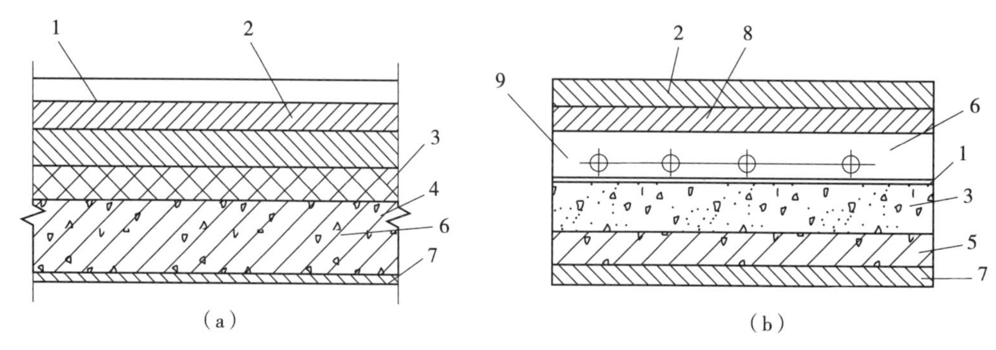

图 5-11　混凝土辐射板结构示意图
（a）顶面式；（b）地面式
1—防水层；2—水泥找平层；3—绝热层；4—埋管楼板（或顶板）；5—钢筋混凝土板；6—流通热（冷）媒的管道；7—抹灰层；8—面层；9—填充层

另一类是现场装配的模块化辐射板，现在欧洲有较大市场，该市场分两种主要形式：第一种是将盘管固定在模数化的金属板上，并悬挂在吊顶下面，构成辐射吊顶，与土建施工关系少，易于检修。第二种是采用小直径的高分子材料 PPR 管道，管间距很小，可直接敷设在吊顶表面，并与吊顶粉刷层相结合，由于这种传热管直径细小，故称毛细管型辐射板。这一类辐射板的主要特点是它属于设备末端装置的形式，由工厂生产，性能稳定，而且与第一类混凝土辐射板相比，无热惰性，适合于非长时间启用的场合，故这类装置又称为“即时型”辐射板，图 5-12 所示为该类辐射板的形式。当辐射方式仅用于供暖时，也可采用电缆线辐射方式和电热膜辐射方式。

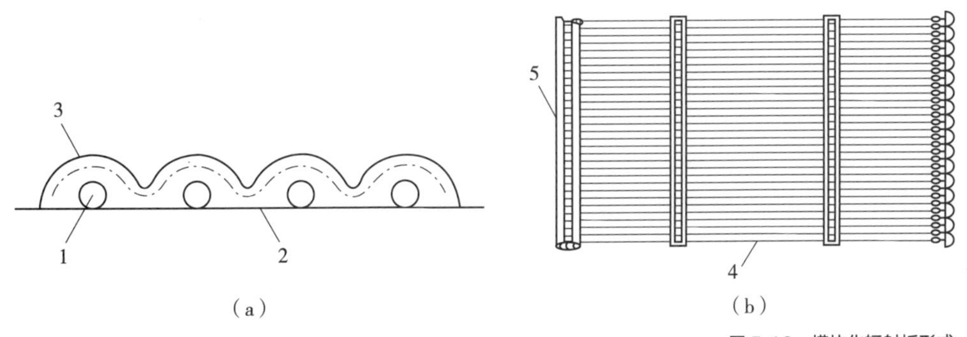

图 5-12 模块化辐射板形式
（a）模数化辐射板；（b）毛细管型辐射板
1—管道；2—金属孔板；3—保温材料；4—管束；5—集水管

5.3.1 辐射供暖系统

1. 系统的分类

辐射供暖系统利用建筑物内部的顶面、墙面、地面或其他表面散发出的辐射热进行供暖，一般可用于生产厂房作全面供暖、局部区域供暖或局部工作地点供暖。辐射供暖系统在板面构造、板面温度、辐射板位置、热媒种类等方面都有不同的分类，下面对每种类型作简单介绍。

根据板面构造可分为现场埋管的混凝土辐射板和现场装配的模块化辐射板。混凝土辐射板可分为顶面式辐射板和地面式辐射板，模块化辐射板可分为模数化辐射板和毛细管型辐射板。

辐射供暖系统根据板面温度可分为低温辐射、中温辐射及高温辐射。低温辐射的板面温度一般小于 80℃，中温辐射的板面温度在 40~130℃之间，高温辐射的板面温度一般大于 200℃。在工业建筑中应用较多的是中温辐射。

根据辐射板位置可分为顶面式、墙面式、地面式、楼面式。顶面式以顶棚作为辐射供暖面，辐射热占 70% 左右；墙面式以墙壁作为辐射供暖面，辐射热占 65% 左右；地面式以地面作为辐射供暖面，辐射热占 55% 左右；楼面式以楼板作为辐射供暖面，辐射热占 55% 左右。

根据热媒种类可分为热水式、燃气式、蒸汽式、热风式及电热式，其中高温热水式和燃气式供暖系统在工业建筑中广泛应用。

（1）热水吊顶辐射供暖

用热水作热媒时，可以采用集中质调节，比蒸汽作热媒时节能和舒适。根据热水温度不同可分为低温热水式和高温热水式。低温热水式的热媒水温一般小于 100℃；高温热水式的热媒水温一般大于等于 100℃。对于高大空间建筑来说，吊顶位置可提供较大安装面积与较好安装空间等，吊顶辐射板形式应运而生。采用热水作为辐射板供暖热媒具有节能、舒适、易调节、故障少等优点。热水吊顶辐射板就是以管板结合的金属辐射板为辐射源，以简单易取的普通热水、高温热水为介质，辐射板带状布置，以吊顶形式安装的供暖系统。该供暖系统优于传统的散热器对流供暖和热风供暖设备，能解决高大空间用对流方式供暖效果差、能耗高的问题，是新型的高大空间建筑供暖技术。热水吊顶辐射板在热水循环工作过程中，通过其辐射表面将介质热量转化为各种波长的红外线并辐照到供暖环境中，由于空气对红外线的吸收作用小，大部分红外线被建筑物、人体、设备等物体吸收、蓄能，温度升高，同时对其周围的空气进行加热，使环境温度升高。建筑物内的空气温度低于红外线辐照区域的物体温度（一般低 2~3℃），因此，减小了空气分层和对流效应，供暖系统热能利用率高，舒适度好。如图 5-13 所示。

热水吊顶辐射板，有着构造简单轻巧、热效率高、安装方便、运行费用低、操作简单、智能化程度高、无噪声、环保洁净等优点，被广泛地运用在工厂车间、仓库、飞机修理库等地方。相对于燃气红外线辐射供暖，热水辐射板供暖安全。燃气红外线辐射供暖对安全设计要求较高，部分场地安装燃气系统就受到很大限制。燃气的接入与燃气管路系统均有较为严格要求等，燃气供暖要消耗大量室内氧气，造成不利的室内空气环境。相较于蒸汽辐射板供暖系统，热水辐射板供暖更可靠。大空间辐射板长度较大，由于蒸汽温度较高，对辐射板热变形影响较大，容易引起室内高空辐射板故障，减

图 5-13　热水吊顶辐射供暖

少辐射板供暖运行优势。同时蒸汽供暖需考虑凝结水回收利用，也一定程度增加了系统复杂性。而热水辐射板由于热变形相对较小，安装设计中较易控制，确保供暖系统可靠，同时在非供暖季节供暖系统可满水保养，容易保持稳定。

（2）燃气红外线辐射供暖

燃气红外线辐射供暖属于高温辐射供暖，它是利用可燃气体（天然气、煤气、液化石油气等）通过特殊的燃烧装置——发生器（也称燃烧器、辐射器或辐射加热器等）产生的红外线进行供暖的。如图 5-14 所示燃气辐射供暖系统由 3 部分组成：即发热功率在 35~300kW 的热能发生装置（发生器）、热流体供暖管板系统（辐射管和反射板）和自动控制系统。工作原理很简单，即空气与燃气混合气体通过发生器并被点燃形成热流体，热流体在涡轮排气扇的驱动下通过由辐射管连接而成的热辐射管路系统向室内进行供热。辐射管内部的热流体在散热循环结束后一部分燃烧产物将被用于再循环，而另一部分将被排出室外。

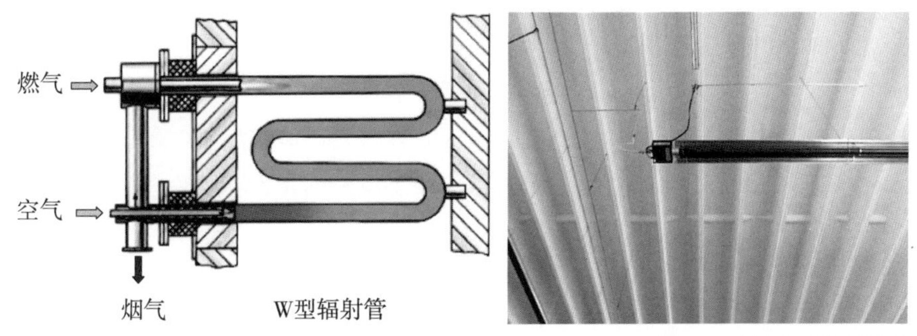

图 5-14 燃气红外线辐射供暖

燃气红外线辐射供暖具有以下优点：

①热舒适性好

燃气红外线辐射供暖时由于人体和物体直接受到辐射热，所以室内地面和设备表面的温度比对流供暖时高，因而对人体进行第二次辐射时，尽管人体周围空气温度比对流供暖时的温度低也会感到舒适，这是因为燃气红外线辐射供暖不是依靠空气作介质来加热室内的物体，而是将热量直接送到需要供暖的地方。燃气辐射器金属管中平均温度为 180~550℃，产生 3.5~5.5μm 波长的红外线穿过空气层，被人体、物体吸收，热效应显著。地面温度高出周围空气温度 4~8℃，地面、墙面、物体温度和二次辐射，可使 2m 以下的工作区空气温度分布均匀，形成舒适的微气候。辐射器供暖房间的工作区温度可比对流供暖方式低 2~3℃，能满足同样的舒适度。

②温度梯度小

对流供暖中空气被加热上升冷空气下降，在建筑物内产生自然对流，因此在顶棚附近温度升高而地面温度却较低。高度方向温度不均匀程度随着热源温度和其他因素而变化。一般机械加工车间温度梯度为 0.5~1.0℃ /m，但利用燃气红外线辐射供暖辐射热直接辐射到车间下部减少了空气对流，因此车间内的温度梯度小甚至出现负值。燃气红外线辐射供暖的温度梯度随着辐射板安装位置的高低、供热系统向上发热量占总热量的比例等因素而变化，并且在辐射板中心高程附近温度梯度变化最大，把这个区域称为温度梯度激烈变化区。超过这个区域空气温度变化极小，仅在屋顶处随着围护结构保温性能的好坏而有所变化。所以对高大厂房来说，当车间高度大于辐射板中心高程温度梯度激烈变化区域时，即使屋顶保温性能较差也会因升温小耗热量少而显示出燃气红外线辐射供暖独特的优越性。

③冷风渗透损失小

由于燃气红外线辐射供暖的室内温度较低，特别是高大厂房中，辐射板上部的空间温度在高度方向上基本无变化，因此室内外温差较小，热压差也较小。随着温度梯度的减少和空气流动的减弱，相应冷风渗透量也减少，因此热损失降低。

（3）其他形式辐射供暖

蒸汽式辐射供暖一般以高压或低压蒸汽为热媒，用蒸汽作热媒时，与建筑结构结合的辐射板升温快，不能采用集中质调节。混凝土板等围护结构热惰性大，与蒸汽迅速加热房间的特点不相适应，多用于工厂车间顶棚式和悬挂式辐射板。

热风式辐射供暖以加热后的空气为热媒，用热风作热媒时，由于空气的密度和比热小，同样供热量时的热媒体积流量大，风管尺寸较大，占用较多的建筑空间和面积。

因此，目前的辐射供暖系统，用蒸汽和空气作热媒的比较少，大多数以水作为热媒；电热式辐射供暖通过电热元件加热特定表面或直接发热辐射供暖的能源直接用电时，要从能源综合利用和环保的角度，通过对电供暖进行技术经济论证，方案合理后再采用。一般只用在环保有特殊要求的区域、远离集中热源的独立建筑有丰富的水电资源可供利用的区域、采用其他能源有困难的场合以及作为其他可再生能源或清洁能源供热时的辅助和补充能源。

2. 系统特征

在工业建筑中，如高大空间的厂房、场馆和对洁净度有特殊要求的精密装配车间等，辐射供暖有着良好的应用，但辐射供暖不适宜于要求迅速提高室内温度的间歇供暖系统和有大面积玻璃幕墙建筑的供暖系统。

辐射供暖时房间各围护结构内表面（包括供热部件表面）的平均温度高于室内空气温度，因而创造了一个对人体有利的热环境，减少了人体向围护结构内表面的辐射换热量，热舒适度增加，辐射供暖正是迎合了人体的这一生理特征。室内房间沿高度方向温度比较均匀，温差梯度相对小，无效热损失减少。图 5-15 给出了不同供暖方式下沿高度 H 方向室内温度 T 的变化。以房间高 1.5m 处，空气温度为 18℃为基础来进行比较。图中的热风供暖指的是直接输送并向室内供给被加热空气的供暖方式。可看出，热风供暖时沿高度方向温度变化最大，房间上部区域温度偏高，工作区温度偏低。采用辐射供暖，特别是地面辐射供暖时，工作区温度较高。地面附近温度升高，有利于增加人的舒适度，而且与对流供暖相比，房间室内设计温度的降低，使辐射供暖设计热负荷减少；房间上部温度增幅的降低，使上部围护结构传热温差减小，导致实际热负荷减少；供暖室内温度的降低，使冷风渗透和外门冷风侵入等室内外通风换气的耗热量减少。

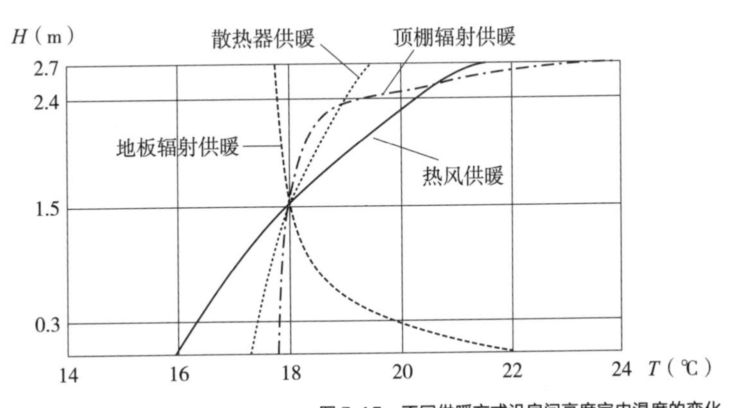

图 5-15　不同供暖方式沿房间高度室内温度的变化

5.3.2　辐射供冷系统

1. 系统的分类

辐射供冷系统是一种利用辐射原理进行室内温度调节的技术。与传统的对流式空调系统不同，辐射供冷系统通过辐射的方式直接与人体或室内表面进行热交换，以达到调节室内温度的目的。不同辐射供冷系统的主要区别在于末端辐射板的选取上，辐射供冷系统在辐射板位置、辐射板安装方式和辐射板构造等方面都有不同的类型。根据辐射板位置可分为平顶式、墙面式、地面式。平顶式是以平顶表面作为辐射板进行供冷；墙面式是以墙壁表面作为辐射板进行供冷；地面式是以地板表面作为辐射板进行供冷。

地面埋管式是指以地面为辐射表面，将直径 15~32mm 的管道埋设于建筑表面内构成辐射表面，管内介质可以是冷水。地板供冷空调系统是目前国内外应用最广泛的。典型的地板供冷结构如图 5-16（a）所示。其中换热管多采用 PE-X 管、PB 管、PE-RT 管。保温层是为了防止冷、热量向下传递，要尽量选用密度小、有一定承载力、高热阻、吸湿率低、防腐的材料。目前选用最多的是苯板。当保温材料有水时会降低保温作用。防潮层可以是塑料薄膜或者铝箔。填料层主要是保护换热管的同时使地面形成温度均匀的辐射面。除了有一定的强度以外蓄热和传热性也较好。目前一般采用豆石混凝土，豆石粒径宜为 5~12mm，厚度不小于 50mm；填充层与外墙的接触处应铺设边界保温层，以防止冷桥损失。地板辐射系统中地埋管的铺设方式对室温有较大的影响。图 5-16（b）为几种常见的铺设形式。双回形供水管和回水管是间隔布置的，地板温度和室内温度的均匀性较其他方式好，所以成为常用的铺设形式。对于走廊等狭长形区域，梳形或蛇形则使用较多。

2. 系统的特征

辐射供冷系统与完全依靠空气对流带走室内余热余湿的传统空调系统有着本质区别，主要以冷辐射带走室内余热，但是不能带走室内余湿，辐射供冷时房间各围护结构内表面（包括供冷部件表面）的平均温度低于室内空气温度。因此，辐射供冷系统需要有空气处理机组带走室内的余湿。相比对流供冷系统，辐射供冷系统具有以下优点：辐射供冷系统与新风系统结合，可以分别处理热、湿负荷，此时新风量一般不超过通风换气与除湿要求的风量；辐射供冷系统不需要如风机盘管、诱导器等末端设备，简化运行管理与维修、节省运行能耗和费用；避免了冷却盘管在湿工况下运行的弊端，没有潮湿表面，杜绝细菌滋生，改善了卫生条件；消除如风机盘管、诱导器等末端设备产生的噪声；由于辐射板、外墙、隔墙等构造具有较大的蓄热功能，使峰值负荷减小。

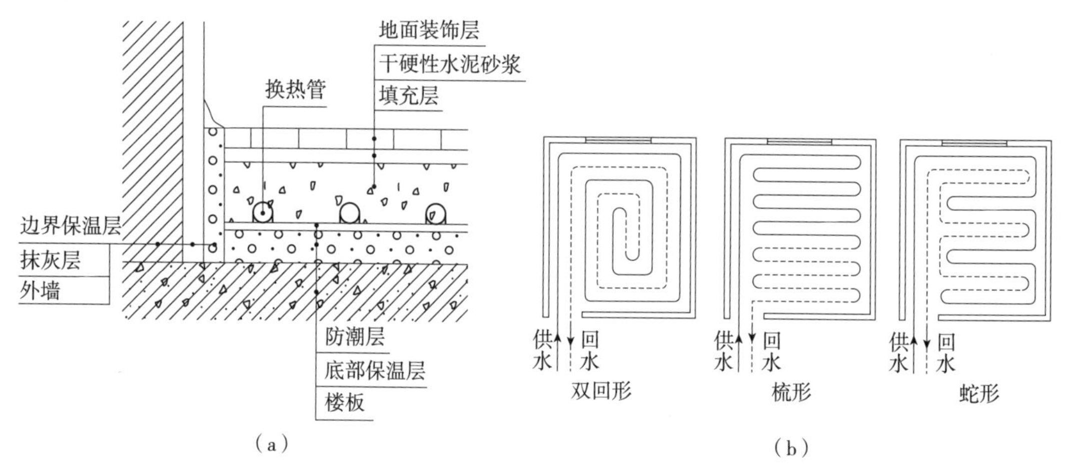

图 5-16　地面辐射供冷
（a）地板内部剖面结构；（b）地板辐射地埋管的三种铺设方式

通风技术是改善工业建筑环境的最重要方式之一。通过通风手段，可以将在工业建筑中存在的大量余热、余湿和污染物排出室外，将参数适宜的新鲜空气送入室内，从而有效改善工业建筑环境。在室内有强污染源或强热源的工业建筑中，主要环境控制方式为通风，环境控制能耗也主要来自通风系统，在国家标准《工业建筑节能设计统一标准》GB 51245—2017 中，将这类建筑称为二类工业建筑。通过自然通风设计和机械通风系统节能设计，降低通风系统能耗，是二类工业建筑最重要的建筑节能设计原则之一。

与民用建筑通风相比，工业通风面临着巨大的挑战。工业建筑环境复杂、需求多样，工业通风的最终效果与多种要素密切相关。工业通风主要包括送风和排风两种形式，其中送风即把室外新鲜空气或者经过处理、符合卫生标准的空气送入室内，排风即在整个车间或者局部位置把不符合卫生和舒适性标准的污染空气经过处理达到排放标准后排至室外。

根据通风驱动力的不同，通风系统可分为自然通风和机械通风两类。自然通风是依靠室外风力产生的风压和室内外温度差产生的热压驱动的空气流动；机械通风是依靠机械产生的压力差驱动的空气流动。根据通风范围的不同，机械通风又可以分为局部通风和全面通风。

工业建筑中应用高效通风技术会带来多种益处：更好的室内空气品质，改善操作人员的工作环境，有效提高操作人员的满意度和生产效率，降低生产故障概率；降低有害物对建筑、生产设备和产品的腐蚀和损害，从而减少维护和维修费用；通过高效的气流组织设计降低通风量，有效降低能耗；在通风系统中使用热回收等节能技术和设备，大幅降低能耗；通过使用先进的净化系统，有效降低生产排放所造成的环境污染。

随着我国工业规模的不断扩大，对工业排放的要求不断提高，工业通风系统的规模越来越大，能耗越来越高。因此，应用高效通风技术，有效降低工业通风能耗，也是工业建筑节能的重要手段。在各种通风方式中，自然通风通风量大且无能源消耗，是建筑通风设计中应优先考虑的通风方式。当自然通风无法满足建筑环境控制需求时，就要利用机械通风的方式对室内环境进行控制。在机械通风中，局部通风可以利用较小的风量和较低的能耗实现对室内局部环境的控制，当厂房内局部环境中存在集中产生的余热和污染物时，或不需要对整个厂房进行环境控制时，应该优先考虑设置局部通风系统，以降低通风系统能耗。

5.4.1 高效通风技术

1. 局部排风

在工业建筑中往往存在区域范围内余热和污染物集中产生的情况，此时自然通风很难保证这些区域的室内环境。针对这种情况，需采用局部排风系统，在污染源附近直接对污染物进行捕集，控制其在工业建筑内的扩散。设计完善的局部排风系统，能在不影响生产工艺和操作的情况下，用较小的排风量达到最佳的有害物排除效果，保证工作区污染物浓度符合生产需求和卫生标准。

如图 5-17 所示，局部排风系统主要由局部排风罩、排风管、净化设备和风机组成：

局部排风罩：局部排风系统的终端设备，用以捕集各种污染物；

排风管：输送被捕集的污染气体；

净化设备：在将污染气体排放至大气或者循环利用之前，将其中的污染物分离处理；

风机：为局部排风系统的气流运动提供动力。

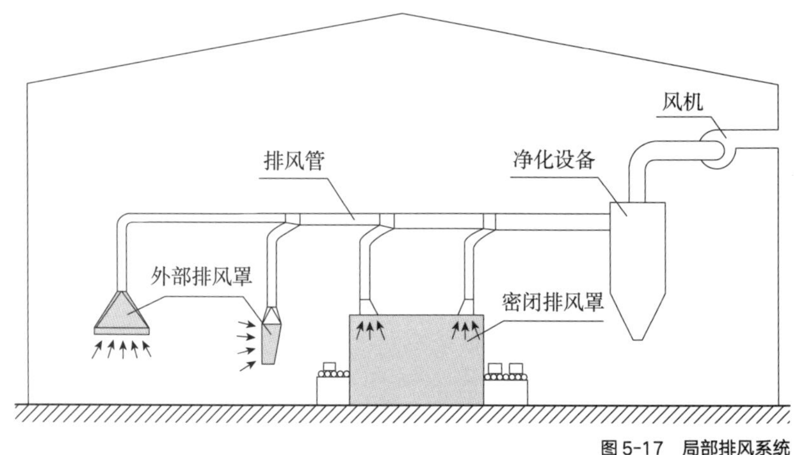

图 5-17　局部排风系统

局部排风系统的效率很大程度上取决于从污染物源头到排风口的运输过程。可以通过调节排风口结构和排风量、污染源的动量分布、使用辅助空气射流、优化环境气流分布和调整操作人员自身行为的方式来实现系统的优化。局部排风的性能取决于这些因素之间复杂的相互作用。

在局部排风系统中，排风罩是系统的终端捕集装置。根据工艺和需求的不同，排风罩有各种形状、尺寸和设置方法。根据工作原理和方式的不同，局部排风罩可分为以下几种基本类型：①密闭式排风罩；②接收式排风罩；③外部排风罩。

绝大多数排风罩可以归类到这三种排风罩形式中。有些排风罩可能同时包含上述几类排风罩特征。不同形式的局部排风罩对于污染物的控制能力有很大不同。越靠近建筑上部的局部排风罩形式可接受的污染物强度越大。

1）密闭式排风罩

密闭式排风罩（或称密闭罩）是将生产过程中的污染源密闭在罩内，同时进行排风以保持罩内负压，防止污染物泄漏到罩外的一种排风罩形式。当密闭排风罩排风时，排风罩外的空气通过缝隙、操作孔口等渗入罩内，缝隙处的风速一般不应小于 1.5m/s。排风罩内的负压一般应在 5~10Pa，排风罩排风量除了从缝隙和孔口进入的空气量外，还应考虑因工艺需要而进入的风量，或者污染源产生的气体量，或物料盛装时挤出的空气。这些干扰因素可能导致密闭罩内不同位置的压力升高变为正压，导致污染物从罩内扩散。因此，密闭罩的排风口位置应根据生产设备的工作特点以及污染气流的运动规律来确定。

对于工业建筑室内污染源，最好通过密闭罩将污染物散发位置与周围环境隔绝，这样可以降低排风量，比较经济节能。当无法将污染源密闭时，可将整个工艺设备密闭在罩内，同时开设检修门用于维修和操作。这样做的缺点是排风量较大，占地面积大。当由于操作上的需要，无法将生产污染物的设备完全或部分地封闭，而必须开有较大工作面时，可以设置半密闭排风罩。属于这类排风罩的有柜式排风罩（或称通风柜、排风柜）、喷漆室、砂轮罩等。

2）接收式排风罩

有些生产过程或者设备本身会产生或者诱导一定的气流，这些气流带动污染物一起运动，根据具体形式有较为确定的运动方向，如热污染源上部会产生夹带污染物上升的浮羽流，砂轮磨削时会高速抛出磨屑及大颗粒粉尘，诱导出大量较高速度的含尘气流等。由于这类污染气体有较高的速度，因此如果使用一般的外部排风罩需要很大的控制风速，控制效果也难以得到保障。因此，对于这类情况，在设置排风时应积极利用污染气流的运动，让罩口正对污染气流的自身运动方向，使污染气流直接进入排风罩内。

3）外部排风罩

由于生产工艺的限制，当生产设备不能密闭时，应在污染源附近设置外部排风罩，利用外部排风罩的抽吸作用，在污染源周围形成低压区，使四周的空气都在压差作用下向排风罩口加速流动，从而使污染物被吸入外部排风罩内。这类排风罩统称为外部排风罩。外部排风罩是应用非常广泛的一种排风罩类型。

根据外部排风罩设置位置和形式的不同，可分为上部排风罩、下部排风罩、侧吸排风罩和槽边排风罩等。不同类型的外部排风罩主要是为了更好地满足生产过程的需要。例如，一些生产过程需要在污染源上部通过天车吊装，因此就不能设置上部排风罩；一些生产过程是在敞口槽内完成的，例如电解和电镀，此时适合设置槽边排风罩。

2. 局部送风

对于一些面积较大、工作人员较少且位置相对固定的厂房，如果采用全面通风会造成很大的能耗，可以采用局部送风方式，这样就只需要对工作人员工作的地点进行环境保证。另外，采用局部送风方式时，有时可以允许工作人员根据自身需求对送风参数进行调节，以实现满足不同需求的个性化送风。对于面积较大、操作人员较少的生产车间，用全面通风的方法改善整个车间的生产环境，既困难又不经济。例如有些车间，只需要对操作人员和重点位置进行送风，就可以有效降低局部环境温度，降低局部污染物浓度。这种在局部地点营造良好空气环境的通风方法称为局部送风。在工业建筑环境控制中，局部送风经常用来对室内人员、重点设备和产品所处局部环境进行调节和保护。

如图 5-18 所示，局部送风系统一般由送风口、送风管、空气处理设备和风机等部分组成：

送风口：局部送风系统的终端设备，用来将新鲜空气送到指定位置；

送风管：输送新鲜空气；

空气处理设备：将室外空气或室内循环空气进行处理，使其参数达到送风标准；

风机：为局部送风系统的气流运动提供动力。

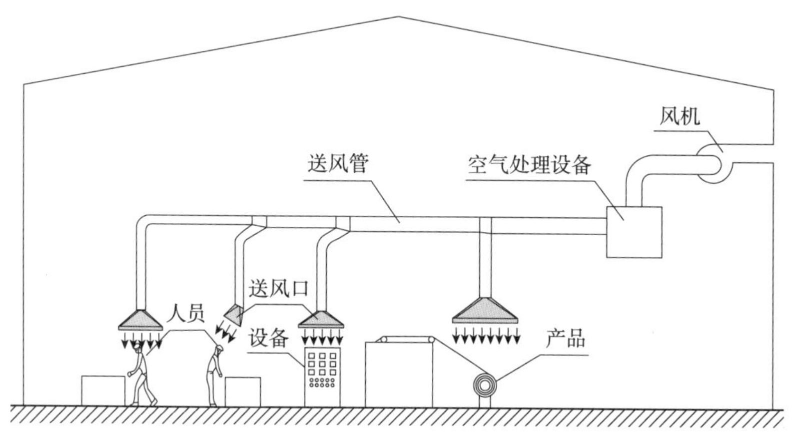

图 5-18　局部送风系统

局部送风系统的效率高低，主要取决于送风口到送风目标之间的新鲜空气输送过程。输送过程与送风口结构、送风量、送风参数、环境气流和送风目标特性（如操作人员自身行为）密切相关。局部送风系统的性能取决于这些因素之间的复杂相互作用。因此，在设计应用局部送风系统时，要充分考虑到各种影响因素的作用。

1）系统式局部送风装置

如果操作人员经常停留的工作地点辐射强度和空气温度较高，或者工作地点散发有害气体或粉尘而不允许采用再循环空气时（如铸造车间的浇注线），可以采用系统式局部送风装置。送风空气一般要经过冷却处理，可以用人工冷源，也可以用天然冷源（如利用地道冷却），进行空气降温。

系统式局部送风系统在结构上与一般送风系统完全相同，差别在于送风口的结构。常见的送风口形式是一个渐扩式短管，如图 5-19（a）所示，它适用于工作地点比较固定的场合。图 5-19（b）所示是旋转式送风口，出口设置有导流叶片，喷头与风管之间采用可转动的装置连接，可以任意调整送风气流方向。旋转式送风口适用于工作地点不固定，或设计时工作地点还难以确定的场合。图 5-19（c）所示是球形喷口，它可以任意调节送风气流的喷射方向，广泛应用于生产车间的长距离送风。当工作地点较为固定，且需要局部送风对操作人员进行较为全面的保护时，可选用图 5-19（d）所示的大型送风口。这种送风口的送风可以覆盖整个操作人员的活动范围，对操作人员的保护效果最好。

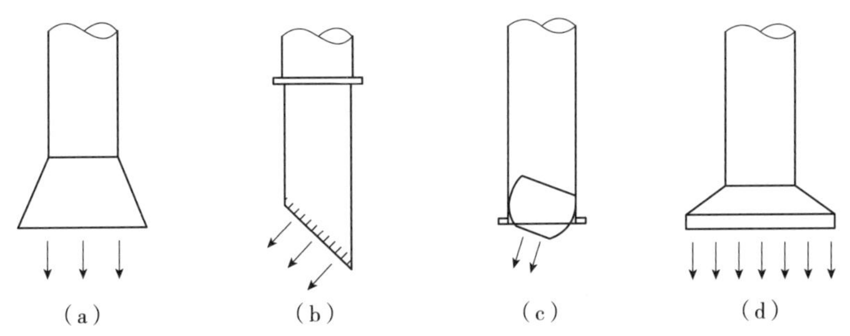

图 5-19　局部送风风口示意图
（a）渐扩式；（b）旋转式；（c）球形喷口；（d）大型送风口

2）吹吸式通风

为提高捕集效率，局部排风罩往往要求设置在尽可能靠近污染源的位置。然而由于工业生产中的限制，污染源距离排风罩口较远时，宜采用吹吸式通风系统。吹吸式通风作为局部通风中的一种，是利用吹风罩形成定向的吹风气流和排风罩形成的排风气流一起组成的联合装置。吹吸式通风系统不仅可以很好地控制污染物和有害气体，还能在很大程度上节省风量，降低能耗，所以吹吸式通风系统装置比起仅设置局部排风装置，具有控制污染物效果好、控制区域灵活、节能等众多优点，同时系统风量小、抗外界干扰气流能力强，吹吸式通风系统的原理如图 5-20 所示。

吹吸式通风系统被广泛应用于各类场合，在工业生产中对污染物的捕集效果明显，它使用送风射流让污染物与周围空气隔断，既对污染区进行了有效的控制，还降低了对工作人员操作的影响。吹吸式通风系统的运行和维护费用也相对较低，初投资也比较少，是一种很理想的控制局部环境、排除污染物的通风方式。

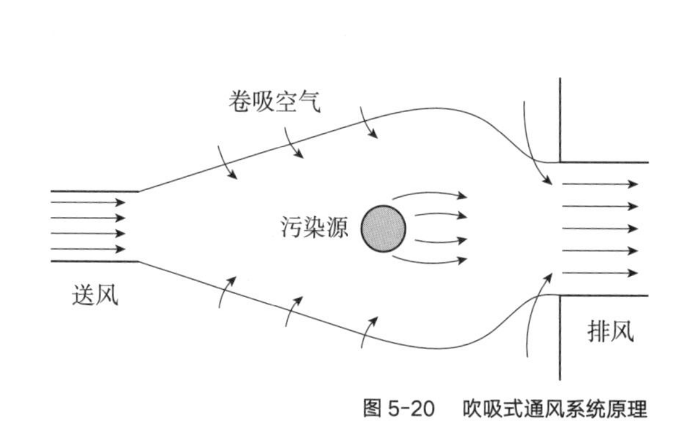

图 5-20　吹吸式通风系统原理

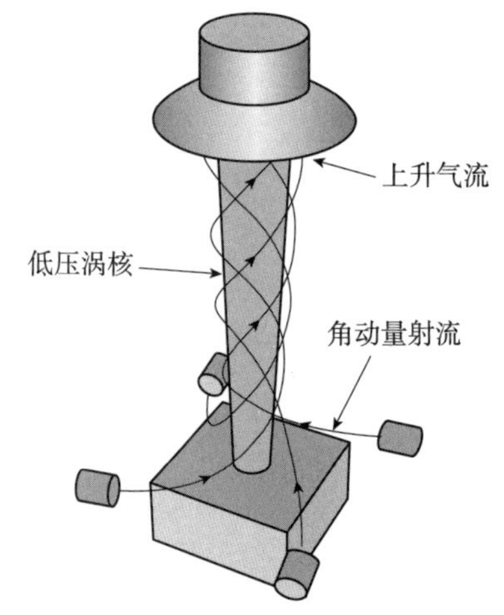

图 5-21　柱状空气涡旋排风罩结构

3）涡旋排风

涡旋排风基本是根据柱状空气涡旋原理，利用柱状空气涡旋强负压梯度、高轴向速度、长输送距离的特性，通过设置合理的送、排风形式，在污染物与排风罩口之间人工生成柱状空气涡旋的一种排风形式。

柱状空气涡旋是一种自然界中常见的流动现象，如大自然中的龙卷风和尘卷风。尽管运动尺度、生成方式都有不同，但这类涡旋运动都满足流体力学中对涡旋运动的描述，涡旋的生成都要满足类似的必要条件。在此基础上，涡旋排风包括以下几种应用形式：

（1）空气涡旋排风罩

新型空气涡旋排风罩结构如图 5-21 所示。根据龙卷风等柱状空气涡旋的生成原理，利用下部切向设置的风机形成带角动量送风气流，配合排风口处的排风气流形成柱状空气涡旋。柱状空气涡旋具有显著的负压梯度和轴向上升速度，可有效限制底部平面污染源释放的污染物的扩散，并快速将污染物输送至排风罩口排出室外，从而有效提高顶吸排风系统的捕集效率。图 5-22 对比了传统顶吸式排风罩和空气涡旋排风罩对烟气的捕集效果。与传统上吸式排风罩相比，柱状空气涡旋排风罩控制距离长，污染物控制效率较高，尤其是对于相对密度较大、在气流中跟随性较差的污染物控制效果较好。

（2）气幕旋风排风罩

这种气幕排风罩形式如图 5-23 所示。这种排风罩在四角安装四根送风立柱，以一定的角度按同一旋转方向向内侧吹出连续的气幕，形成气幕空间。在气幕中心上方设有排风口。在旋转气流中心由于吸气而产生负压，这一负压核心给旋转着的空气分子以向心力，而空气分子由于旋转作用将产生

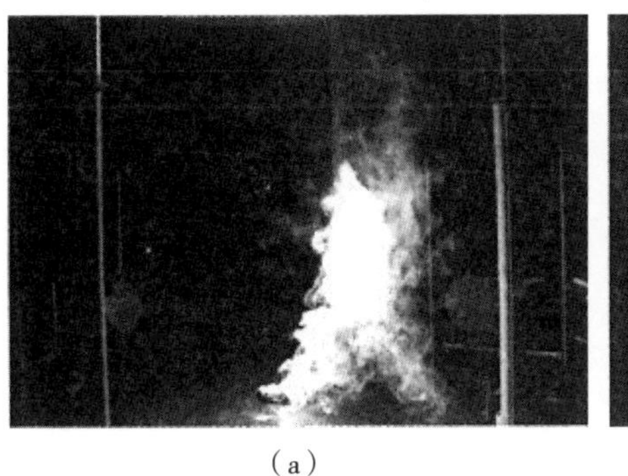

(a)

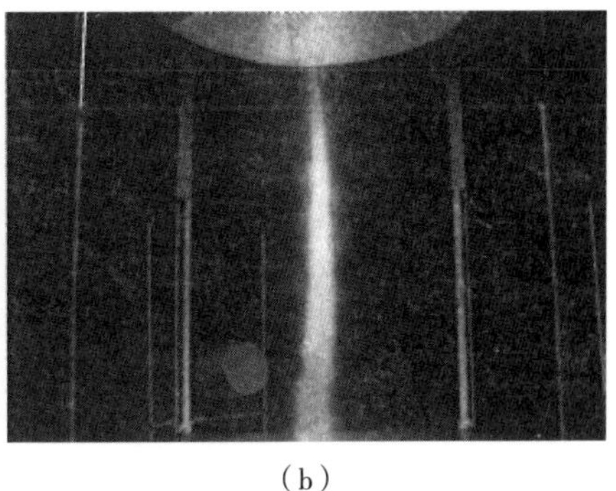

(b)

图 5-22　传统顶吸式排风罩与空气涡旋排风罩捕集效果对比
（a）传统顶吸式排风罩；（b）空气涡旋排风罩

离心力。在向心力和离心力平衡的范围内，旋转气流形成涡流，涡流收束于负压核心四周并射向排风口。由于利用了龙卷风原理，涡流核心具有较大的上升速度。试验研究表明，其上升速度沿高度的变化不大，有利于捕集远离排风口的有害物。这种排风罩的优点是：可以远距离捕集粉尘和有害气体；由于有一个封闭的气幕空间，污染气流与外界隔开，用较小的排风量即可有效排除污染空气；具有较强的抗横向气流干扰的能力。

（3）旋转气幕式排风罩

这种新型排风罩形式如图 5-24 所示。这种排风罩在排风罩口附近设置诱旋射流口，具体实现方式为使用呈一定角度的导流叶片，或送风管切向送风等，使从射流口射出具有一定扩散角的旋转射流。一方面，这种旋转射流可有效限制排风罩吸入周围环境洁净空气，起到一定的屏蔽作用；另一方面，旋转射流通过空气黏性传递动量，使内部污染气体获得一定的角动量，从而形成柱状空气涡旋流场，提高了对污染物的捕集能力。

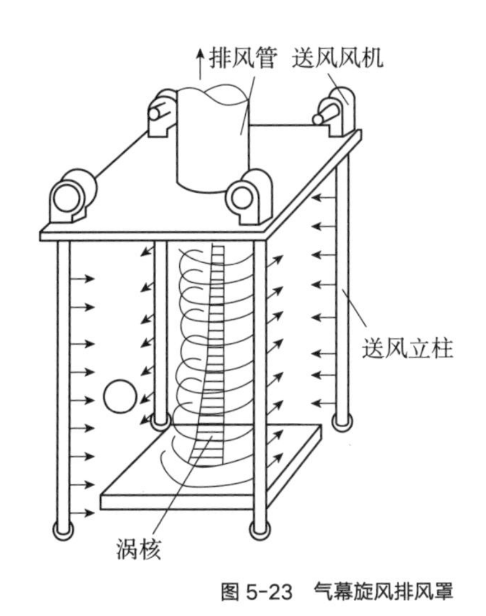

图 5-23　气幕旋风排风罩

排风机
送风机
送风管面俯视图
旋转气幕射流
排风罩口

图 5-24　旋转气幕式排风罩

3. 全面通风

工业建筑内需要利用通风方法来消除生产过程中产生的细小颗粒物、有毒气体等污染物和余热以维持生产环境。这些污染物可能会影响操作人员的健康和安全，在某些情况下，当浓度超过其爆炸下限浓度或可燃下限浓度时，这些污染物也有可能成为可燃或易燃的危险物质。因此，首先应该尽可能使用通风系统，特别是局部排气系统来控制这些余热和污染物。这是因为局部排气系统往往针对性地设置在热源和污染源附近，相比于全面通风系统需要更少的风量，同时也能达到更好的通风效果。然而，当局部排风系统仍然无法满足工业建筑室内环境需求时，就需要利用全面通风来消除剩余的余热和污染物。

工业建筑的全面通风包括机械通风和自然通风两种方法。自然通风系统不消耗额外的能量，仅仅由重力或自然风力驱动，因此广泛应用于工业建筑环境控制（尤其是在寒冷和温和气候地区的热车间）。但是自然通风过于依赖室外风速、空气温度和洁净度等外部环境参数，因此在工业建筑等大型建筑中，自然通风的通风效果存在较高的不可控性，单纯地设置自然通风往往不能完全满足工业建筑室内环境控制的要求。因此，工业建筑的环境控制需要设置机械通风系统进行全面通风，并配合适当的通风策略。不同的全面通风策略会营造出不同的室内环境特征。全面通风系统的表现很大程度上取决于所选择的通风策略。各种通风手段（例如送、排风口位置分布、通风气流温度的高低）、各种生产过程和各种扰动都会影响全面通风的最终效果。在进行室内环境营造时，可以选择不同的策略以达到所需要的目的，例如使用低速送风装置直接向工作区进行送风（置换通风）或者使用辐射冷却吊顶，都可以实现为工作区降温的目的。不同全面通风策略的对比见表 5-2。

不同全面通风策略对比　　表 5-2

全面通风策略	混合通风	置换通风	分区通风	单向流通风
温度、湿度和污染物浓度分布特点	送风与室内空气充分混合，稀释室内有害物	利用不同温度的空气密度差，产生下冷上热室内环境	通过向特定区域送风，使特定区域环境参数满足要求	通过送风创造室内单向均匀通风气流场
X轴：℃，mg/m³，%RH Y轴：房间高度 SU= 送风，EX= 排风	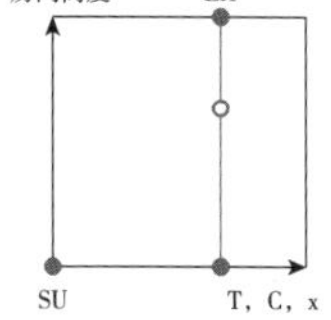 房间高度 EX SU T，C，x	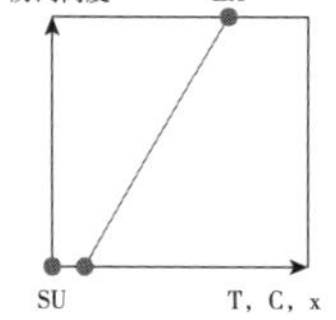 房间高度 EX SU T，C，x	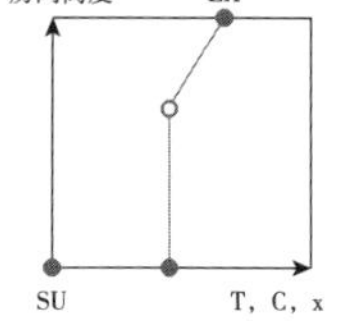 房间高度 EX SU T，C，x	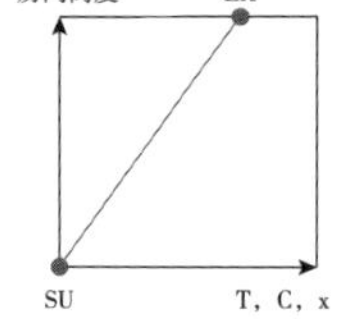 房间高度 EX SU T，C，x
主要通风机理	通过高动量送风对室内空气进行充分稀释混合	房间气流组织和控制主要由浮力驱动；采用低动量送风方式	通过送风控制室内部分区域的气流组织	房间气流组织方式和采用低动量的单向气流，以克服湍流扰动
理论排热排污效率	→			

续表

全面通风策略	混合通风	置换通风	分区通风	单向流通风
典型应用形式		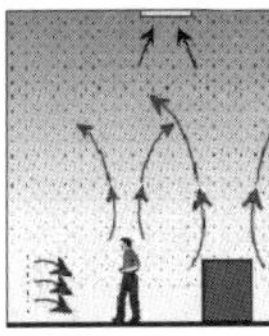	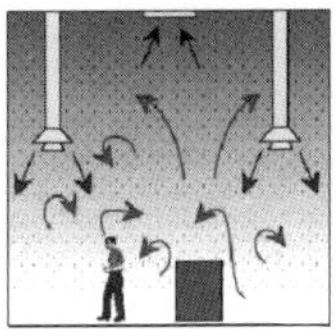	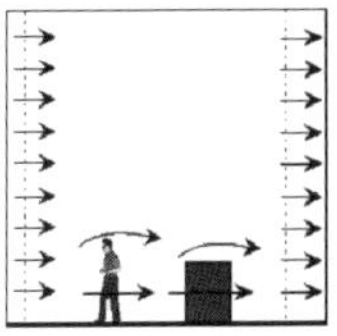

1）混合通风

混合通风是通过送风射流将新鲜空气送入室内，在送入过程中，新鲜空气与室内空气发生掺混，随着送风射流的扩散，风速和温差会很快衰减，污染物会得到稀释，最终形成全室参数比较均匀的室内环境。这种混合策略以混合稀释为方法，以达成全室环境参数均匀为目的，是一种普遍应用的全面通风策略。这种混合策略在应用到具体建筑环境内时一般被称为混合通风。

混合通风的特点是：可以有效避免室内出现温湿度、污染物浓度过高的滞止区，并且可以有效避免供热时室内存在的温度梯度的不利影响。然而缺点是追求全室环境参数的混合，导致排风口位置的污染物浓度较低，从而导致排热排污效率不高；为了达成室内环境参数的均匀，同时在室内环境限制范围内，需要对整个空间的污染物进行稀释处理，所以通常需要很大的送风量，使得全面通风系统的能耗较高；混合通风较高的送风速度往往会导致房间局部位置有较强的吹风感。

2）置换通风

置换通风是根据不同温度下空气密度不同的原理，将低于室内空气温度的冷空气以较低风速（不大于0.5m/s）送入室内。受浮力影响，冷空气沿地板扩散，淹没整个房间的下部区域。靠近热源的空气被加热形成热羽流，携带余热和污染物一同升至房间上部区域；在上部区域，上升热羽流沿屋顶水平扩散。冷热空气流密度差形成的浮力作用会在室内某高度上形成明显的上、下两个区域，此现象即为热分层现象。室内热分层后形成的上部区域为混合区，该区域空气温度高并且污染物浓度大；下部区域为清洁区，该区域空气温度低并且污染物浓度小。清洁区的高度取决于提供给房间下部的送风量和送风温度，以及热源产生的热对流热量。这种置换策略在应用到具体建筑环境内时一般被称为置换通风。当污染物与余热一起释放时或者污染气体比周围室内空气温度更高时，置换通风是一种很好的通风方式。当室内有比较强的空气湍流，会干扰上升热羽流输送热量和污染物时，一般不宜选用置换通风。

置换通风的特点是：下部清洁区内污染物浓度低；排热和排污效率相对较高；主要考虑清洁区内的空气品质，因置换通风所需的通风量较小，能耗较低。然而，置换通风的通风效果非常易受室内气流扰动的干扰；送风速度低，导致送风口面积过大；一般在低温送风情况下才能使用，难应用于供暖；置换风口仅控制出风温度，不控制排风温度，因此无法精确控制区域内部湿度。因此，置换通风只能用于不要求湿度控制的区域，如舒适性区域。

工业建筑多为高大空间建筑，室内空气垂直方向温度梯度较大，因此当条件适宜时，在工业建筑中采用这种通风方式，不仅可以减少初投资，降低运行成本，显著降低能耗，而且能保证工作区空气始终符合卫生和舒适性要求。

3）分区通风

分区策略是指在全面通风中只控制房间某一区域的环境参数，而相对忽略房间的其余部分。分区策略下的房间气流由送风射流和浮力源来控制。由于只需要控制特定区域的环境参数，因此分区策略下的通风能耗相比混合策略下的全面通风能耗有大幅度的降低。

分区通风的特点是：相比于混合通风有更高的排热排污效率；只需考虑通风区域的气流组织分布，通风能耗较低；有效防止控制区内产生局部高污染物浓度滞止区。然而，为保证控制区域的通风效果，气流组织设计较为复杂。

4）单向流通风

单向流通风是指房间内气流以均匀的截面速度，沿着平行流线以单一方向运动的通风方式。因为这种气流运动方式类似于活塞，因此又称为活塞流通风。在单向流通风房间内，从送风口到排风口，气流流经途中的断面几乎没有变化，在流动断面上的流速比较均匀，流动方向近似平行，几乎不存在涡流。单向流策略下的通风不是靠洁净气流对室内脏空气的掺混稀释作用，而是靠洁净气流的推出作用将室内污染物沿整个断面排至室外，达到保证室内环境的目的。单向流策略通风需要大风量维持室内的活塞流运动，实际应用中包括垂直单向流和水平单向流等。

单向流通风的特点是：可以控制整个区域内气流均匀；污染源上游区域可保证洁净；排出余热和污染物的效率非常高。然而，其需要非常大的风量，导致通风能耗很高；需要很大面积的送、排风口；对送、排风口的气流均匀设计要求较高。

5）复合通风

自然通风和机械通风都有各自的优点和缺点。自然通风系统的主要缺点之一是性能上的不确定性，在某些情况下，自然通风不能满足工业建筑卫生或生产工艺要求。单纯的自然通风中存在两个基本问题：（1）缺少对空气流动的主动控制；（2）没有温度控制。

因此，单纯地依赖自然通风在一年中的某些季节、某些时间段内是难以保障的，很可能会导致冬季可能无法有效地进行自然通风，而在夏季自然通风时出现较差的热舒适状况。另一方面，单纯地使用机械通风，在室内所需通风量较大时，会存在较高能耗的缺点，非常不利于工业建筑的节能。因此，结合自然通风与机械通风的复合通风，在某种程度上为两种通风方式各自存在的问题提供了新的解决方案，既可以改善室内环境，又能降低建筑能耗。

6）地道通风

地道风降温技术指利用地道冷却空气，通过机械送风或诱导式通风系统送至地面上的建筑物内，达到降温目的的一种专门技术。系统相当于一台空气—土壤的热交换器，利用地层对自然界的冷、热能量的储存作用来降低建筑物的空调负荷，改善室内热环境。地道通风系统由三部分组成：①进风口部分；②地下埋管部分；③出风口部分，如图 5-25 所示。

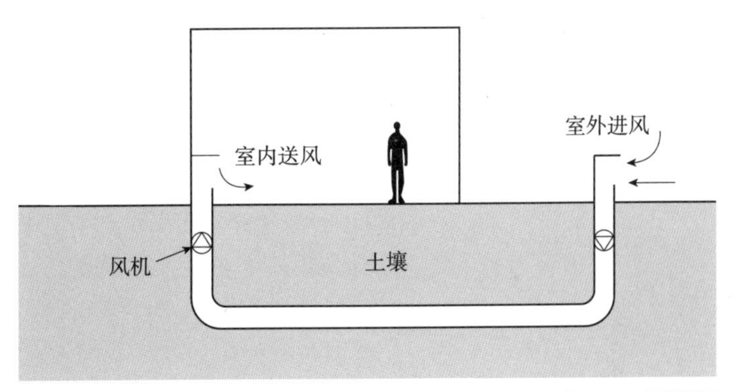

图 5-25　地道通风

7）空气幕

空气幕是利用条形喷口送出一定速度、温度和一定厚度的幕状气流，以阻隔建筑不同空间区域间空气的热质交换。空气幕在工业建筑中已得到广泛应用，在工业厂房大门、冷库大门和冷藏车门处设置空气幕，能有效维持不同空间区域空气温度等参数稳定，从而降低能耗，同时还可以隔断室外有害气体、昆虫等进入室内；对有分区域要求空气品质的空间，空气幕能有效地阻隔有害气体对清洁区域的污染；当空气幕与局部排风罩联合使用时，可以起到类似挡板、法兰板的隔断作用，有效降低排风罩对于周围洁净空气的吸入量，阻止污染气体扩散，从而提高局部通风的捕集效率；空气幕还可以用于防排烟，可以有效防止建筑物火灾烟气的蔓延等。

按照送风形式的不同，空气幕可分为上送式、下送式、侧送式、双侧送式、吹吸式等。按照空气幕的使用位置，可以将空气幕分为大门空气幕和隔断空气幕两类。

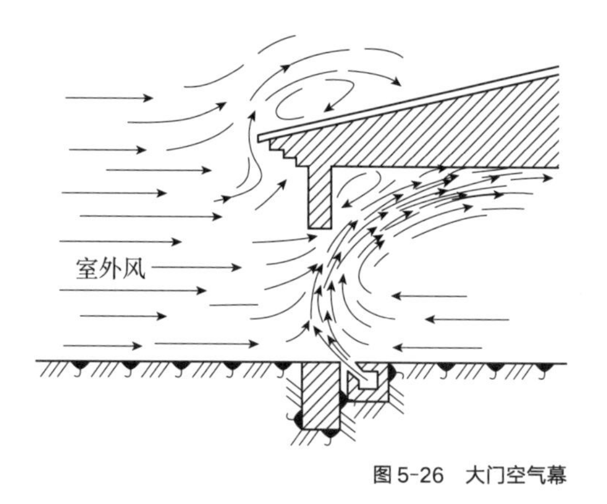

图 5-26 大门空气幕

大门空气幕：在运输工具或者人员进出频繁的生产车间、冷库等场合，为减少或隔绝外界气流的侵入，可在大门附近设置条缝型送风口，利用高速气流所形成的空气幕隔断室内外空气流通，如图 5-26 所示。

大门空气幕的优点是不影响车辆或人的通行，可使供暖建筑减少冬季热负荷，供冷建筑减少夏季冷负荷。除了用于隔断室外空气，大门空气幕还可以用于其他场合，如在洁净房间防止灰尘进入，在冷库隔断库内外空气流动等。

隔断空气幕：隔断空气幕是利用高速气幕对室内环境进行隔断，从而达到对污染物的隔离或对不同环境参数需求区域的隔断。隔断空气幕起到的作用相当于挡板或隔断墙，对于一些受生产操作限制而不能设置实体挡板和隔断墙的区域，宜使用隔断空气幕。隔断空气幕可以用于隔断室内局部环境，也可以用于全室范围的隔断。

Aaberg 排风罩：隔断空气幕与局部排风系统共同作用的排风罩称为 Aaberg 排风罩。这种排风罩是在排风罩口附近设置气幕射流装置，利用生成的空气幕，隔断周围环境的清洁空气被吸入排风罩内，从而有效提高了利用射流与排风气流的结合效率。Aaberg 排风罩可分为二维槽边和三维环形两种形式，如图 5-27 所示。

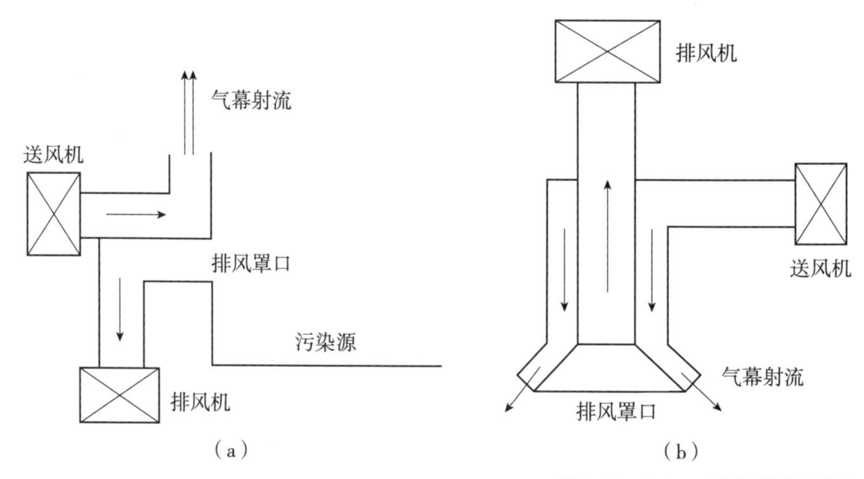

图 5-27 Aaberg 排风罩侧视示意图
（a）二维槽边 Aaberg 排风罩；（b）三维环形 Aaberg 排风罩

整体隔断空气幕：在工业生产中，常常会出现对环境参数有不同需求的生产工艺布置在同一车间的情况，例如在纺织工厂中，精梳工艺生产所需要的相对湿度范围为 55%~60%，而并粗工艺生产所需要的相对湿度范围为

60%~70%。由于生产工艺、运输存储的限制，很难用隔断墙将车间内不同的区域分隔开。这时可以考虑利用整体隔断空气幕将车间的不同环境参数要求区域进行隔断。

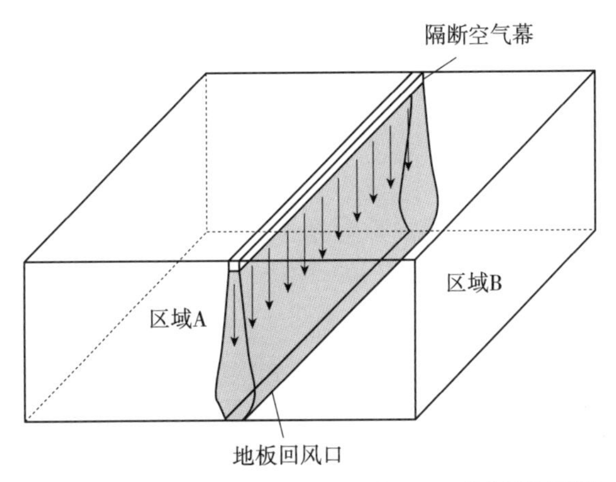

图 5-28　整体隔断空气幕

如图 5-28 所示，整体隔断空气幕条形送风口设置于房间顶部，均匀向下送出参数均匀的空气射流；空气幕下方地板上设置有回风口，可吸入空气幕射流，使整个空气幕射流范围内实现完全隔断，从而将室内区域 A 和区域 B 完全分隔开，起到了隔断墙的作用，同时又不影响正常的生产和输运需求。回风口吸入的空气经过一定处理之后可供隔断空气幕循环使用。整体隔断空气幕适用于非高大空间建筑，当室内环境对室内空气流速要求不高，且房间上部没有聚积污染物时，整体隔断空气幕可不设置地板回风口，空气幕直接从房间上部吸入空气吹至房间下部，并贴地自由扩散。

5.4.2　高效除尘技术

工业除尘器是指净化由工艺生产设备中排出的含尘气体的设备，它是工业建筑除尘系统的主要设备之一。它运行的好坏将直接影响排往室外的粉尘浓度，也直接影响周围环境卫生条件的好与坏。除尘器与过滤器的种类很多，根据主要的除尘机理不同，可分为六类。

（1）重力除尘：如重力沉降室；

（2）惯性除尘：如惯性除尘器；

（3）离心力除尘：如旋风除尘器；

（4）过滤除尘：如袋式除尘器、颗粒层除尘器、纤维过滤器、纸过滤器；

（5）洗涤除尘：如文丘里除尘器、自激式除尘器、旋风水膜除尘器；

（6）静电除尘：如电除尘器。

选择除尘器时，应特别考虑以下因素：选用的除尘器必须满足排放标准规定的排放浓度；颗粒物的性质和粒径分布，颗粒物的性质对除尘器的性能具有较大的影响；气体的含尘浓度；气体的温度和性质等。除了上述因素外，选择除尘器时还必须考虑能量消耗、一次投资和维护管理等因素，在不同除尘器都满足工艺要求时，宜选用高效低阻的除尘器及净化设备。

下面就几种当前最常见的除尘器进行介绍：

1. 袋式除尘器

袋式除尘器主要利用纤维加工的多孔滤料进行过滤除尘。由于它具有除尘效率高（对于粒径 1.0μm 的粉尘，效率高达 98%~99%）、适应性强、使用灵活、结构简单、工作稳定、便于回收粉尘、维护简单等优点，因此袋式除尘器在冶金、化学、陶瓷、水泥、食品等不同行业中得到广泛的应用，在各种高效除尘器中，是最有竞争力的一种除尘设备，如图 5-29 所示。

2. 旋风除尘器

旋风除尘器是利用气流旋转过程中作用在尘粒上的惯性离心力，使尘粒从气流中分离出来的设备。旋风除尘器结构简单、造价低、维修方便；耐高温，可高达 400℃；对于粒径 10~20μm 的粉尘，除尘效率为 90% 左右。当前，旋风除尘器在工业通风除尘工程和工业锅炉的消烟除尘中多用作初级除尘器，配合其他除尘设备使用。图 5-30 所示为旋风除尘器的一般形式，它由圆筒体、圆锥体、进气管、顶盖、排气管、排灰口组成。

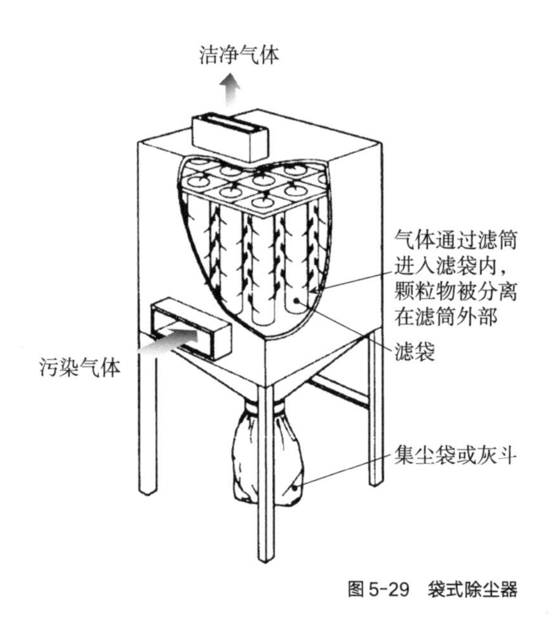

图 5-29　袋式除尘器

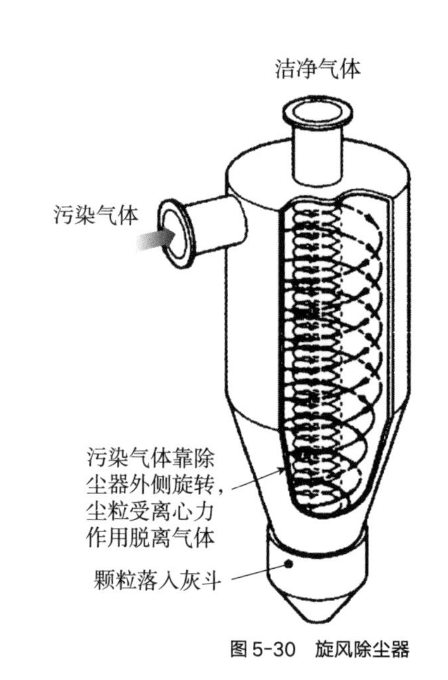

图 5-30　旋风除尘器

3. 电除尘器

电除尘器是利用静电场产生的电力使尘粒从气流中分离的设备。电除尘器是一种干法高效除尘器，具有除尘效率高、阻力小、能处理高温烟气、处理烟气量的能力大和日常运行费用低等优点，因此，在火力发电、冶金、化学、造纸和水泥等工业部门的工业通风除尘工程和物料回收中获得广泛的应用，也可以和袋式除尘器配合使用，以达到更高的粉尘净化效率。其一般结构如图 5-31（a）所示，除尘原理如图 5-31（b）所示。

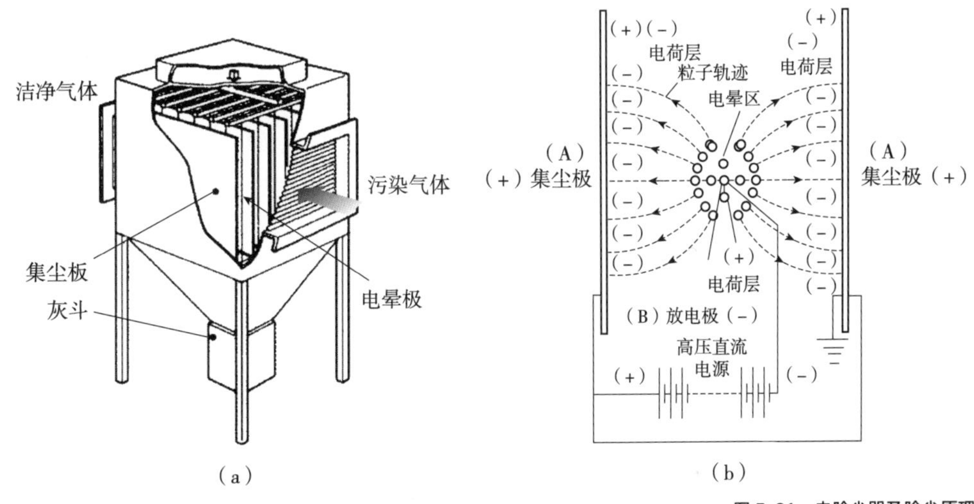

图 5-31　电除尘器及除尘原理
（a）电除尘器结构；（b）电除尘原理

4. 湿式除尘器

利用液体净化气体的装置称为湿式除尘器。这种方法简单、有效，因而在实际的工业除尘工程中获得了广泛的应用。其优点是结构简单、投资低、占地面积小、除尘效率高，能同时进行污染气体的净化，适宜处理有爆炸危险或同时含有多种污染物的气体。其缺点是有用物料不能干法回收，泥浆处理比较困难，为了避免污染水系统，有时要设置专门的废水处理设备。高温烟气洗涤后，温度下降，会影响烟气在大气中的扩散。根据气液接触方式的不同，可分为两大类：一类是尘粒随气流一起冲入液体内部，尘粒加湿后被液体捕集，其作用是液体洗涤含尘气体。属于这类的湿式除尘器有自激式除尘器（图 5-32）、旋风水膜除尘器、泡沫塔等。另一类则是用各种方式往含尘气流中喷入水雾，使尘粒与液滴、液膜发生碰撞。属于这类的湿式除尘器有文丘里除尘器（图 5-33）、喷淋塔等。

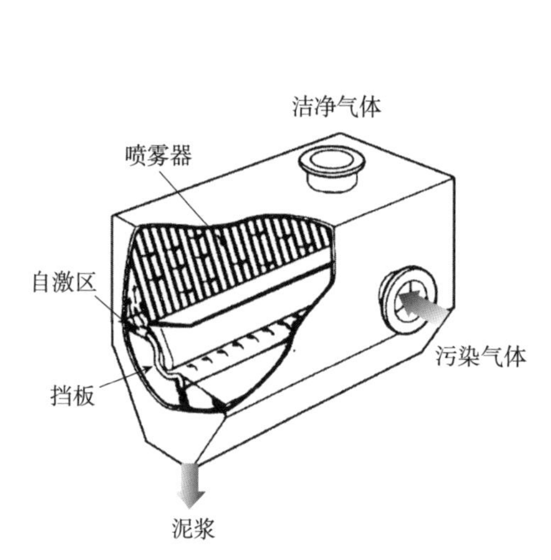

图 5-32　自激式除尘器

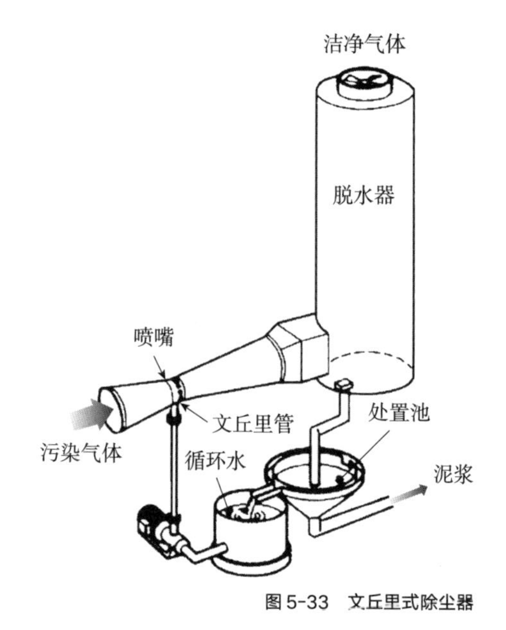

图 5-33　文丘里式除尘器

5.5.1 照明设备

在工业建筑中，照明系统的设计对于确保生产效率、工作安全和员工健康至关重要。合理的照明设计不仅能提供适宜的光照环境，还能显著降低能耗，实现节能减排。建筑设备设计时，需考虑照明设备的选择原则、显色性要求、控制策略以及智能照明系统的使用。

1. 照明设备的选择

照明光源及灯具的选择应首先满足现行国家标准，包括光效、寿命、显色性和安全性等性能指标。在此基础上，根据使用场所的不同特性和需求，选择适宜的种类。例如，在公共区域和楼梯间，推荐采用红外感应自熄型照明开关，这种开关能够在无人时自动关闭灯具，节约能源。对于车间、工艺区和车库等场所，照明应采取车道、车位分区分片控制，以适应不同区域的使用需求和光照要求。

室外景观照明则应考虑采用光控或定时控制的太阳能 LED 灯具，这种灯具能够利用太阳能进行供电，减少对传统能源的依赖，同时通过光控或定时控制，进一步降低能耗。

2. 显色性要求

在生产工艺中，如原料的分拣、在制品的质量检验、产成品的验收等环节，对光源的显色性有较高要求。显色性好的光源能够提供更真实的色彩还原，有助于提高产品质量和工作效率。因此，这些场所应在满足显色性的前提下，选用发光效率高、寿命长的光源和高效率灯具及镇流器。

3. 照明控制策略

生产场所的人工照明应根据车间、工段或工序进行分组控制，以适应不同的生产需求和光照要求。灯列控制应与侧窗平行布置，以便最大限度地利用自然光。当室外光线充足时，室内的人工照明应根据照度标准自动关闭部分灯具，以减少能耗。这种根据室内照度和使用要求自动调节人工光源的开关（或分区开关）的策略，能够实现有效的节能。

4. 智能照明系统

有条件的建筑可考虑采用智能照明系统，如路灯采用光敏探测及时钟控制技术，根据自然光强及时间自动开关照明灯具。智能照明系统能够根据环境光线、时间、人员活动等因素自动调节照明，提高照明的舒适度和节能效果。

5.5.2 生产设备

在工业建筑中，生产设备的能耗占据了相当大的比例，尤其是在锅炉、风机、水泵等输送流体设备的运行中。因此，通过技术和经济分析，合理地采用有效的节能调节措施，对于降低能耗、提高能效具有重要意义。

1. 流量调节措施

流量调节是一种有效的节能手段，它可以根据建筑负荷的变化，实时调整设备的运行状态，以适应不同的生产需求。例如，在部分负荷下运行时，通过减少流量，可以显著降低输送能耗。这种调节措施不仅能够节约能源，还能提高设备的运行效率和寿命。

2. 节能设备的选择

在选择生产设备时，应优先考虑那些具有高能效比的设备。这些设备在提供相同服务的同时，能够消耗更少的能源。此外，还应考虑设备的维护和运行成本，选择那些易于维护、运行成本较低的设备。

3. 节能技术的应用

在生产过程中，可以应用多种节能技术，如变频驱动、热回收、能源管理系统等。变频驱动技术可以优化电机的运行效率，减少能耗。热回收技术可以利用生产过程中产生的余热，减少能源的浪费。能源管理系统则可以对整个建筑的能源使用进行监控和优化，实现能源的合理分配和使用。

5.5.3 用水设备

在工业建筑中，用水设备的优化管理对于节约水资源、降低水耗具有重要作用。

1. 管材和管件的选择

管材和管件的选择应符合现行产品行业标准的要求，确保其质量和性能。新型管材和管件应符合国家和行业有关质量标准和政府主管部门的文件规定，以保证其安全性和可靠性。在管件和阀门的选择上，应优先考虑性能高、零泄漏的产品，如软密封闸阀或蝶阀，以减少水的泄漏和浪费。

2. 供水压力的设计

供水压力的设计应根据实际需求进行合理规划，避免供水压力持续过高或压力骤变。过高的供水压力不仅会增加能耗，还可能导致管道和设备的损坏。因此，应通过精确计算和设计，确定最佳的供水压力，以满足生产和生活用水的需求，同时降低能耗。

3. 给水系统的监控

给水系统的监控对于防止水资源浪费至关重要。应安装监控装置，对用水设备、贮水箱（池）进行实时监控，以便及时发现和处理进水阀门故障或超压等问题。通过这些措施，可以有效地节约水资源，降低水耗。

可再生能源的利用是实现低碳工业建筑目标的重要环节，包括但不限于太阳能、风能、水能、生物质能以及地热能等可再生能源，为工业建筑提供了一种减少对化石燃料依赖、降低温室气体排放的有效手段。

在众多可再生能源中，太阳能以其普遍性和丰富性在工业建筑中的应用尤为广泛。太阳能系统主要分为光电系统、光热系统以及光伏光热一体化系统。光电系统通过太阳能光伏板将太阳光转换为电能，为工业建筑提供清洁电力。光热系统则利用太阳能集热器收集太阳辐射热，为工业建筑供暖和提供热水。光伏光热一体化系统结合光电和光热的优点，能够同时产生电力和热能，提高能源综合利用效率。

除此之外，热泵系统作为一种高效利用地热能、空气能的能源转换技术，在工业建筑中的应用潜力巨大。空气源热泵系统利用空气中的热量，通过制冷剂循环，为建筑供暖和制冷。地源热泵系统则通过地下埋管交换器，利用地下土壤或地下水的恒温特性，为建筑供暖和制冷。

除了可再生能源，应用工业余热也是实现建筑低碳运行的重要途径。工业生产过程中产生大量的余热，如烟气、热水、蒸汽等，具有较高的温度和热能。如果直接排放，不仅造成能源浪费，还会对环境造成热污染。通过余热回收系统，可以将这些余热转化为可用的热能或电能，用于建筑供暖、热水供应或驱动机械设备。例如，利用热交换器回收工业烟气中的热能，可以为工厂提供稳定的热源；而利用余热发电技术，如有机朗肯循环（ORC），则可以将低品位热能转换为电能，为工业建筑提供额外的电力供应。

5.6.1 太阳能系统

太阳能资源总量巨大、分布广泛，到达地球表面的太阳能约合 91 万亿吨标准煤 / 年，约为世界能耗的 5000 倍。其中，陆地上可利用的太阳能约合 8.7 万亿吨标准煤 / 年，约为世界能耗的 480 倍。据估算，只要世界沙漠面积的 1% 用来安装太阳能发电站，就能满足全世界的供电需求。太阳能转换利用是利用太阳辐射实现供暖、采光、热水供应、发电、水质净化以及空调制冷等能量转换过程，以满足人们生活、工业应用等需求，主要包括太阳能光热转换、光电转换和光化学转换等。对于工业建筑，太阳能的利用方式主要为基于太阳能一体化建筑的光热和光电利用。

1. 太阳能一体化建筑

太阳能与建筑的结合，已经成为当前发展低碳建筑的必然趋势。建筑与太阳能系统的结合，即太阳能一体化建筑，可以利用太阳能系统实现发电、集热、遮阳、保温等功能，创造低能耗和高舒适度的生存环境。太阳能一体化建筑将在调整建筑能耗结构、保障能源安全等方面发挥积极作用。

1）概念介绍

太阳能一体化建筑是指在建筑规划设计之初，利用屋面构架、建筑平台、阳台、外墙及遮阳等，将太阳能利用引入设计内容，把太阳能系统作为建筑的构件，使其与建筑有机结合。现阶段建筑与太阳能系统一体化设计主要有两种形式：①光热建筑一体化，在建筑上安放太阳能热水器、供暖器等，将太阳能转化为热能再加以利用；②光伏建筑一体化，将太阳能光伏产品集成到建筑上，充分利用建筑外层表面，安装多种光伏发电设备，所产生的电能或供自身使用，或并入电网。

2）主要形式

（1）屋顶型

①屋顶架空构架式（Building Attached Photovoltaic，BAPV）。通过在建筑屋顶上额外搭建太阳能系统支架，将建筑物和太阳能系统光伏组件或者太阳能集热器结合起来，是太阳能一体化建筑最广泛的应用方式。

②屋顶结合型（Building Integrated Photovoltaic，BIPV）。利用光伏组件、太阳能集热器与屋顶直接作为建筑屋顶，替代传统的屋顶保温层和隔热层，使太阳能系统成了建筑屋顶的重要组成部分，完全或部分取代屋顶覆盖层，这样不仅减少了屋面自重，还可以缩减成本，提高效益。如图 5-34（a）所示。

（2）墙面型

墙面型结合形式是将太阳能系统组件作为墙体的一部分。我国建筑物南向往往有较好的光照条件，因此墙面型的结合方式使太阳能系统组件在满足结构和建筑功能需求的同时，也能满足自身功能的要求。这种设计中，太阳能系统组件成为墙体的一部分，所以应使太阳能系统组件具有一定的强度，且要满足墙体的保温和美观要求，也是 BIPV 的一种形式。如图 5-34（b）所示。

（3）遮阳型

遮阳型结合形式是将太阳能系统组件与门窗上的遮阳篷相结合，太阳能系统组件不但能够充分利用太阳能发电或集热，还能起到遮阳作用，充分地利用了建筑空间。如图 5-34（c）所示。

太阳能与建筑光电一体化，是指利用建筑上布置的光伏组件将太阳能转化为电能，提供建筑用能的形式。其中光伏组件由多个单晶硅或多晶硅单体电池串并联组成，其主要作用是将光能转化为电能。一般可以按照电能的应用方式，划分为独立光伏发电系统、微网光伏发电系统和并网光伏发电系统三种类型。单独运行提供电能但是不与电网连接的称为独立光伏发电系统。而能够独立运行并配有自己的电网但未与公共电网连接的称为微

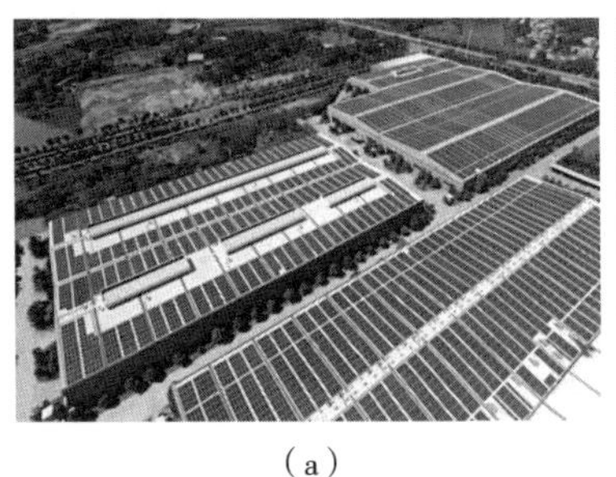

（a）

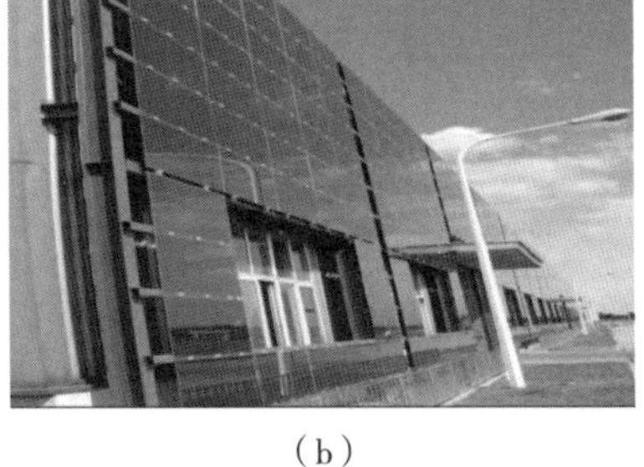

（b）

（c）

图 5-34 建筑光伏一体化

（a）屋顶型；（b）墙面型；（c）遮阳型

网光伏发电系统；能够与公共电网连接在一起的系统称为并网光伏发电系统。并网光伏发电系统主要由光伏阵列及电池组件、逆变器、并网系统（包括汇流箱、电线电缆、直流控制中心、变压中心等部件）三大系统构成，如图 5-35 所示。

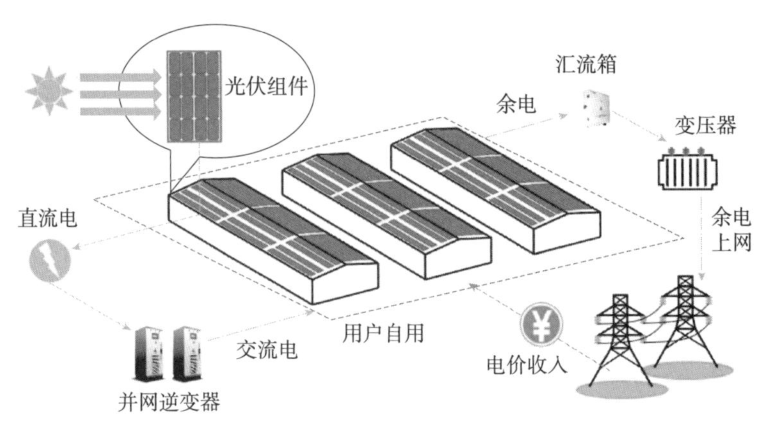

图 5-35 并网光伏发电系统原理图

2. 建筑光热利用

太阳能与建筑光热一体化是将太阳能转化为热能的利用技术，建筑上直接运用的方式有：利用太阳能空气集热器集中供暖，利用太阳能热水器提供生活热水，利用太阳能加热空气产生的热压增强建筑通风，基于集热—储热原理的间接加热式太阳房，以及利用太阳能、热能或电能的制冷技术。

1）太阳能集热技术

（1）太阳能热水器

太阳能热水器系统是将太阳辐射能转换为热能的装置，其基本组成包括集热器、循环水泵、储热水箱、管道和控制系统，如图 5-36 所示。集热器作为系统的核心部件，负责捕获太阳辐射并将其转化为热能，以供系统内的热能传递和存储。根据集热器的设计差异及工作温度范围，太阳能热水器可分为四种不同的工作模式：低温集热模式，适用于室外温度范围为 10~20℃的环境；中温集热模式，适用于室外温度范围为 20~40℃的环境；中高温集热模式，适用于室外温度范围为 40~70℃的环境；高温集热模式，适用于室外温度范围为 70~120℃的环境。

太阳能热水器的应用范围广泛，低温和中温集热模式主要用于锅炉给水预热、民用生活热水供应、加热除湿以及供暖等。而中高温和高温集热模式则适用于供暖、制冷和发电等更为复杂的热能应用场景。

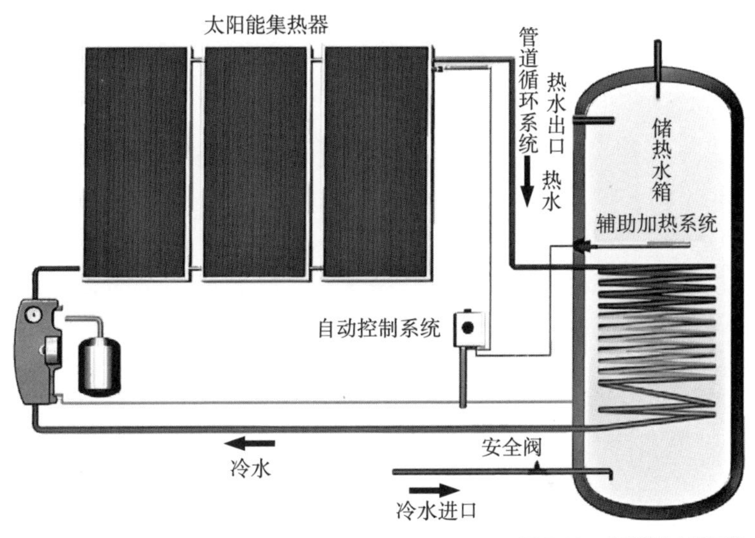

图 5-36　太阳能热水器系统

（2）太阳能供暖

太阳能供暖系统是在太阳能热水系统的基础上发展起来的，它将太阳能转换为热能，用于建筑物的供暖。太阳能供暖方式可分为直接利用和间接利用两种形式。直接利用包括主动式和被动式太阳能供暖，而间接利用则通过使用热泵技术，提高热能的利用效率。如图 5-37 所示，低温热水地板辐射供暖系统作为一种新型的供暖方式，以其能够利用低品位能源作为热源、室内温度分布均匀、温度梯度小等优势，成为减少建筑能耗、提高热舒适性的理想选择。在欧美一些国家，太阳能供暖、供电和热水系统已经成为建筑基础体系的一部分，形成了太阳能能源利用的复合系统。在我国，近年来也出现了将太阳能热水系统与地板供暖系统相结合的太阳能供暖方式，利用热水的温度和地面的散热为建筑供暖，在提升热舒适性的基础上，还充分利用了清洁能源。

2）太阳能制冷技术

太阳能制冷技术是利用太阳能集热器为制冷机提供所需的热水或蒸汽，

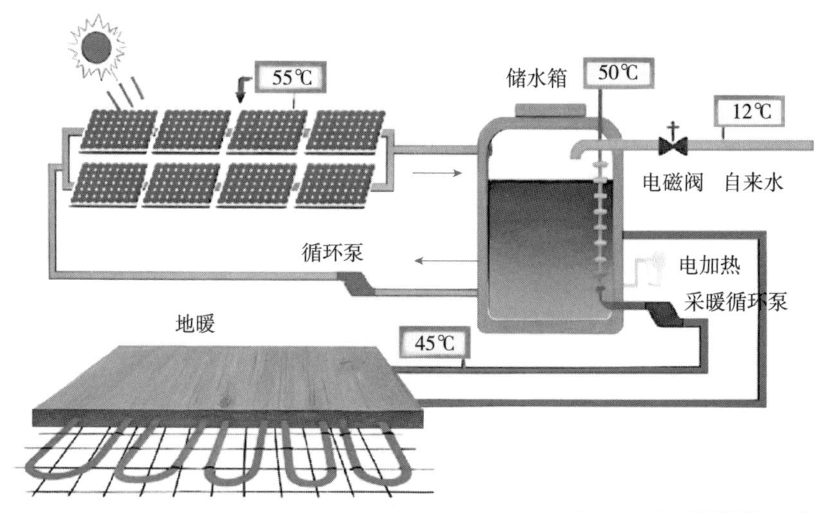

图 5-37　太阳能地板供暖系统

以实现制冷目的。该技术的最大优势在于其良好的季节匹配性，即在太阳辐射条件最佳、制冷需求最大的炎热天气中，制冷效果尤为显著。

太阳能制冷的实现方式主要有两种：一是通过太阳能集热器将太阳能转换成热能，驱动吸附式或吸收式制冷系统进行制冷，如图 5-38 所示；二是将太阳能由光电池转换为电能，驱动压缩式或热电式制冷系统进行制冷。在这两种方式中，利用热能制冷因其造价低、系统运行费用低、结构简单等特点，特别适用于偏远地区。

3. 光伏光热综合利用

太阳能光伏光热（Photovoltaic Thermal，PV/T）综合利用技术是太阳能光伏技术与太阳能低温热利用技术的有机结合，实现了在同一块光伏组件上的热电联产。PV/T 组件在光伏电池背面设置流体通道，流体吸收热量降低光伏组件温度，从而提高了光伏电池的发电效率；与此同时，流体吸收热量后

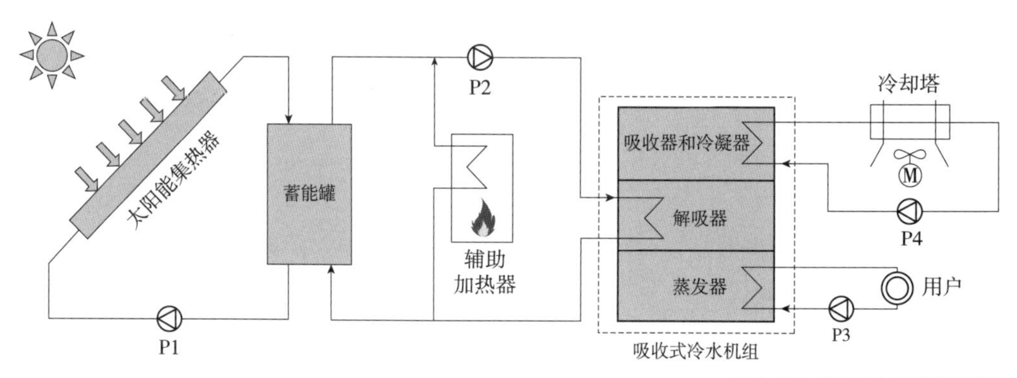

图 5-38　吸收式太阳能制冷系统

温度升高制取高温热水。相较于传统的光伏系统或光热系统，PV/T 系统实现了用能的多样化，提高了单位面积的太阳能总利用率。

1）光伏光热综合利用的优势

（1）全光谱利用

以硅材料为例，太阳辐射光谱中波长大于 1.1μm 的能量占太阳辐射总能量的约 40%，这也意味着这部分能量将不能用于光伏发电。太阳能光伏光热综合利用技术可将这部分能量转换成可利用的热能，实现太阳辐射光谱的全光谱利用，从而提高太阳能的综合利用效率。

（2）多功能利用

太阳能光伏光热综合利用技术在太阳能转化为电能的同时，由集热组件中的冷却介质带走电池的热量，产生电、热两种能量收益，从而提高太阳能的综合利用效率。

（3）降低成本

太阳能光伏光热综合利用技术将太阳能光伏技术和太阳能光热技术结合起来，系统共用了玻璃盖板、框架、支撑构件等，实现了光伏组件和太阳能集热器的一体化，节省了材料、制作和安装成本。

（4）节约安装面积

建筑围护结构可接收到阳光的面积是有限的，若采用太阳能光热技术和太阳能光伏技术两套系统，往往会存在安装位置、安装面积上的矛盾，从而对系统的设计、安装造成困难。采用太阳能光伏光热综合利用技术可以解决上述问题。

（5）电 / 热输出灵活配置

太阳能光伏光热综合利用技术能够提供电力、热水和供暖等多种能量形式，具备太阳能利用的多功能性，从而能够满足用户对不同能量的需求。

（6）易于建筑一体化

太阳能光伏光热综合利用技术可以方便地实现建筑一体化，光伏热水—屋顶、光伏热水—墙、光伏空气多功能幕墙、光伏—Trombe 墙、光伏热水—窗、光伏空气—窗等一体化方案不仅利用围护结构发电供热，而且大大降低了建筑的空调负荷从而获得了额外的收益。

2）光伏光热综合利用的应用形式

（1）平板型光伏热水系统

平板型光伏热水集热模块是太阳能光伏光热综合利用技术的基本形式。它将光伏电池与太阳能平板吸热板结合，用水做冷却介质来制备热水，达到能量多级利用的目的，如图 5-39 所示。平板型光伏热水系统的核心部件是光伏热水集热模块，其安装方式和结构如图 5-40 所示。

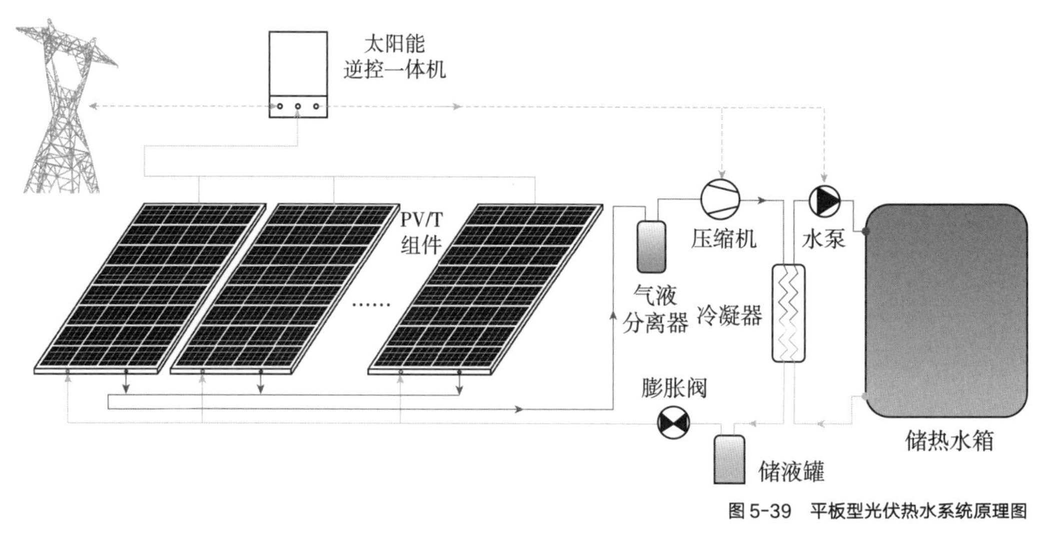

图 5-39　平板型光伏热水系统原理图

专用钢化玻璃盖板
铝合金外框
换热管
保温层
光伏电池

（a） 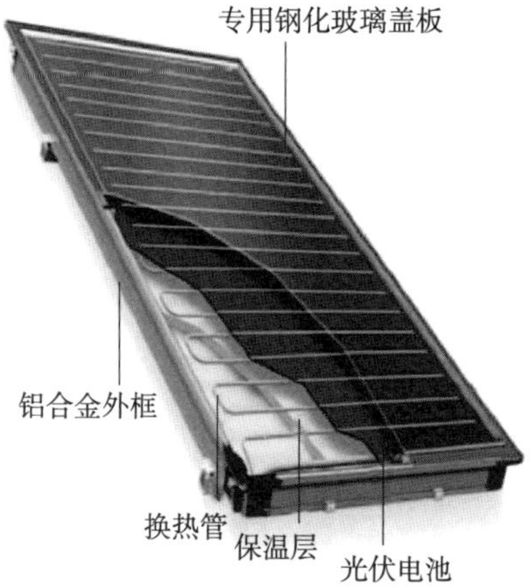　（b）

图 5-40　平板型光伏热水集热器

（a）平板型光伏热水集热器安装方式；（b）平板型光伏热水集热器结构

（2）热管式 PV/T 系统

热管式 PV/T 系统主要由热管式 PV/T 集热器、储水箱、循环水泵、太阳能控制逆变系统、蓄电池及水路管道和阀门组成，如图 5-41 所示。热管是一种具有快速均温特性的传热元件，其中空的金属管体，使其具有质轻的特点；而其快速均温的特性，则使其具有优异的导热性能。当系统运行时，热管式 PV/T 集热器将接收到的一部分短波太阳辐照转化为电能，其余的大部分太阳辐照则被集热器吸收转化为热能。通过热管的热传导后加热水箱或流道内的冷水，最终使冷水温度升高。

（3）光伏空气集热系统

将光伏电池与传统空气集热器结合可得到主动式光伏空气集热系统，通过风机驱动光伏组件背部空气流动，带走热量从而降低电池温度，同时输出

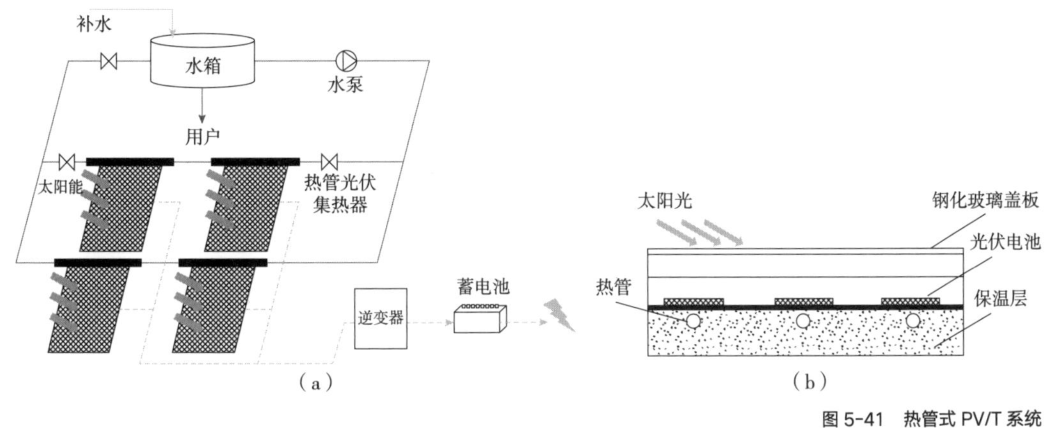

图 5-41　热管式 PV/T 系统

(a) 系统原理图;(b) 热管式 PV/T 结构

热空气，如图 5-42 所示。光伏空气集热系统具备了光伏发电和空气集热的双重功能，主动式的空气流动降温提高了光伏组件光电转换效率，输出的热空气还可以用于室内供暖。与太阳能热水供暖系统相比，光伏空气集热系统结构简单，无防冻问题，在冬季可以同时获取新风和提升室内供暖能效。

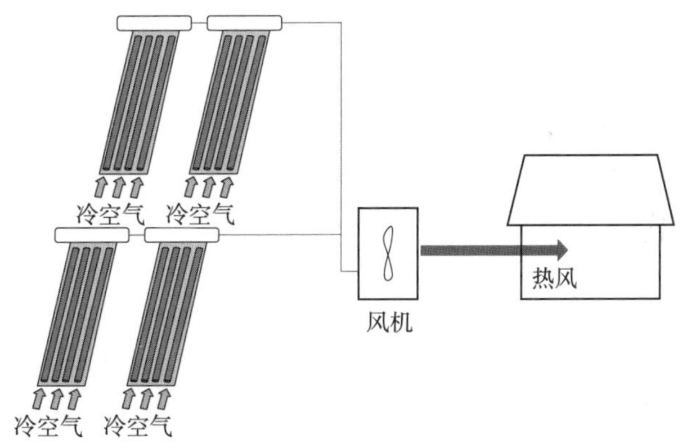

图 5-42　光伏空气集热系统

（4）太阳能热泵系统

太阳能热泵系统结合了太阳能集热和热泵来提供供暖和制冷服务。在这种系统中，太阳能集热器捕获太阳辐射并将其转化为热能，该热能随后被用来驱动热泵循环。在冬季，太阳能热泵可以供暖，将收集到的太阳能用于加热室内空气或热水。而在夏季，系统可以切换到制冷模式，通过吸收室内热量并将其排放到外部环境中，从而降低室内温度。这种系统的优势在于它能够提升能源品位，以较高的效率利用太阳能。太阳能热泵系统适用于各种气候条件，并且可以与建筑的其他能源系统（如太阳能光伏、太阳能热水器等）集成，以实现更全面的能源解决方案。

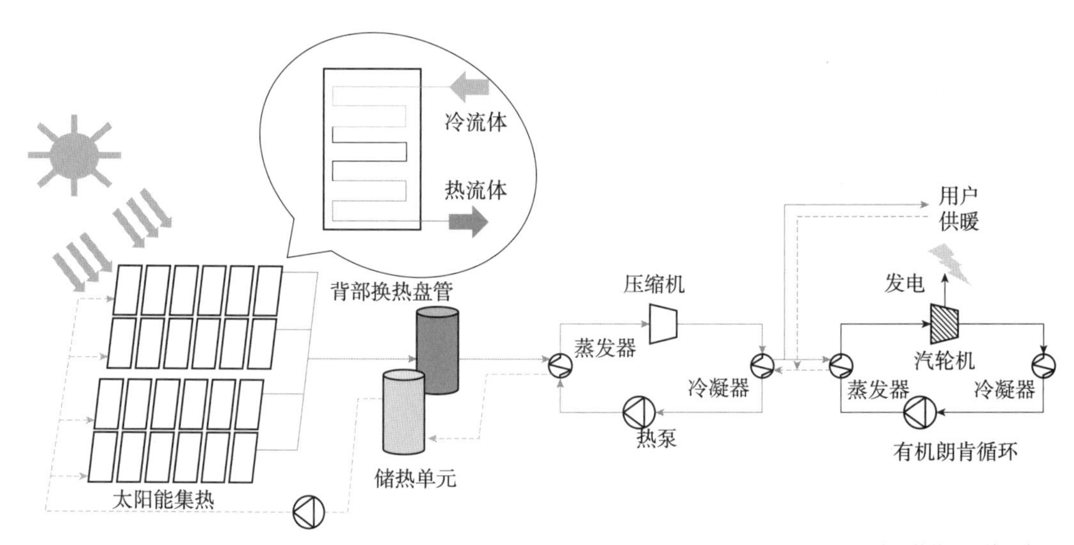

图 5-43　太阳能热泵系统示意图

如图 5-43 所示，对于供暖需求，太阳能集热器将太阳辐射转换为热能制备出热水储存于储热罐中，根据供暖系统热负荷需求提供热流量；此外，由热泵制备的一部分热水还能够参与有机朗肯循环，通过在蒸发器内与传热介质换热使其升温膨胀蒸发，从而推动汽轮机进行发电。通过对一些地区的太阳能热泵系统的研究发现，与不耦合热泵的系统相比，在向用户提供 50℃热水的情况下，太阳能热泵系统能够减少集热器 20%~40% 的安装面积。

5.6.2　热泵系统

热泵是利用外部能源将热量从低位热源（如空气、水等）向高位热源转移的制热装置。由于它可以将不能直接利用的低品位热能转换为可利用的高位能，达到节约高位能的目的，因此广泛应用于供热及空调系统。对于同时有供热和供冷要求的工业建筑，优先采用热泵可节约初投资，充分提高能源利用率。

热泵通常可按热源种类、驱动方式、在建筑物中的用途等进行分类。按热源种类可分为：空气源热泵、水环热泵、土壤源热泵、水源热泵等。按驱动方式可分为：机械压缩式热泵和吸收式热泵。按在建筑物中的用途可分为：供暖和热水供应的热泵、全年空调的热泵、同时供冷与供热的热泵、热回收热泵。

1. 空气源热泵

空气源热泵是一种利用环境中的空气作为热泵的热源提供者。如图 5-44 所示是空气源热泵系统的工作原理图，它采用少量的电能驱动压缩机运行，

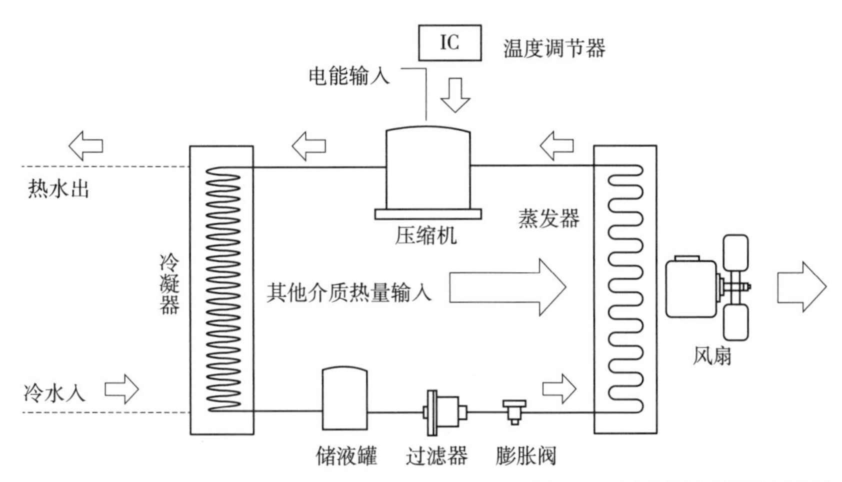

图 5-44　空气源热泵系统工作原理图

高压的液态工质经过节流后在蒸发器内蒸发为气态。利用从环境中吸收大量空气中的热能将气态的工质通过压缩机压缩成高温、高压的气体。然后进入冷凝器冷凝成液态，将所吸收的热量放到水中。如此不断地循环加热。空气源热泵具有适用范围广、运行成本低、性能稳定等特点。

2. 水环热泵

水环热泵空调系统是小型的水 / 空气热泵机组的一种应用方式，即用水环路将小型的水 / 空气热泵机组并联在一起，构成一个以回收建筑内余热为主要特点的热泵供暖、供冷空调系统。典型的水环热泵空调系统一般由四个部分组成：室内热泵空调器、闭式水环系统、辅助设备（冷却塔、辅助冷热源、板式换热器等）以及热交换系统，如图 5-45 所示为其系统示意图。水

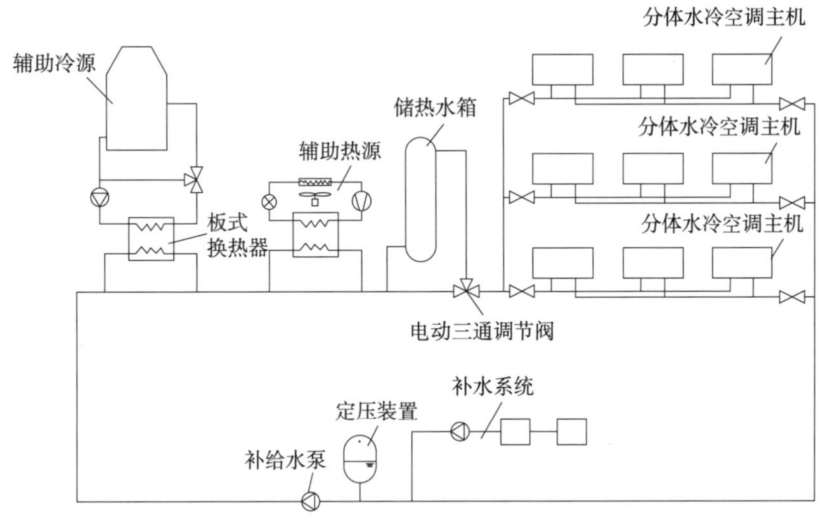

图 5-45　水环热泵系统示意图

环热泵空调系统主要优点是：建筑热回收效果好；调节方便，各房间可以同时供冷供热，灵活性大；无需专用冷冻机房和锅炉房；便于分户调节和计费；系统可按需要分期实施等。

水环热泵系统通过同时制冷或供热机组相互间的热量利用，可实现建筑物内部的热回收。当同时供冷、供热的热回收过程中冷热量不能完全匹配时，启动冷却塔或辅助加热器给予补充。但其设备费用高且噪声大。因此，水环热泵适用于建筑规模大、区域负荷特性相差较大的场合。

3. 土壤源热泵

土壤源热泵是利用地下常温土壤温度相对稳定的特性，通过深埋于建筑物周围的管路系统与建筑物内部完成热交换的装置。冬季从土壤中取热，向建筑物供暖；夏季向土壤排热，为建筑物制冷。它以土壤作为热源、冷源，通过高效热泵机组向建筑物供热或供冷，如图 5-46 所示。土壤源热泵系统没有地下水位下降和地面沉降问题，不存在腐蚀和开凿回灌井问题，也不存在对大气排热、排冷等污染；机房占地面积小，节省空间，可设在地下，运行费用低。

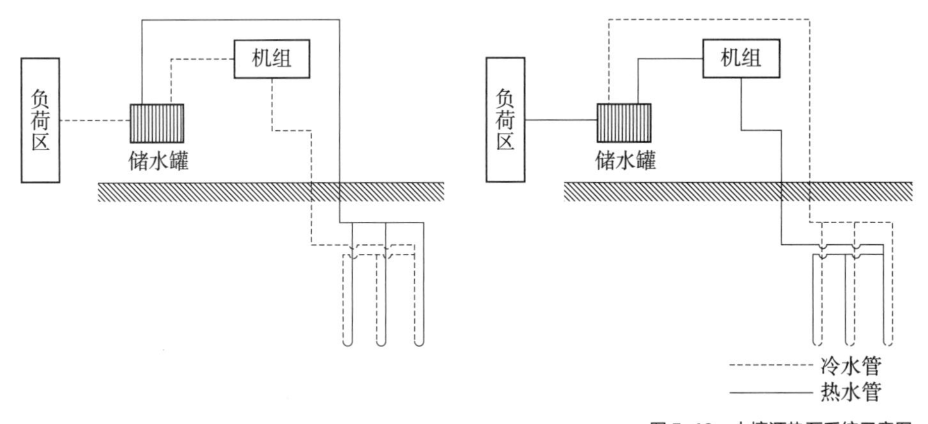

图 5-46　土壤源热泵系统示意图

4. 水源热泵

水源热泵是利用地球表面浅层的水源，如地下水、河流和湖泊中吸收的太阳能和地热能形成的低品位热能资源，采用热泵原理，通过少量的高位电能输入，实现低位热能向高位热能转移的一种技术。水源热泵主要由四部分组成：浅层热能采集系统、水源热泵机组、室内供暖空调系统、控制系统。

水源热泵一般分为地表水源热泵、地下水源热泵和污水源热泵。

地表水源热泵：地表水源热泵是以江、河、湖、海等地球表面的水体作为热源的可以进行制冷 / 制热循环的一种热泵。该系统的主要特点是地表水的温度变化比地下水的水温变化大，主要体现在：地表水的水温随着全年各个季度的不同以及湖泊、池塘的水深度的不同而变化。因此，地表水源热泵的一些特点与空气源热泵相似。例如，冬季要求热负荷最大时，对应的蒸发温度最低；而夏季要求供冷负荷最大时，对应的冷凝温度最高。

地表水源热泵采用开式还是闭式系统对整个系统的运行影响巨大，如图 5-47 所示。对于同一栋建筑物，选用系统形式前应仔细分析整个系统的全年运行能效状况。采用闭式环路系统，循环介质与地表水之间存在传热温差，将会引起水源热泵机组的 *EER* 或 *COP* 下降，但闭式环路系统中的循环水泵只需克服系统的流动阻力，所需扬程可能要小于开式系统。

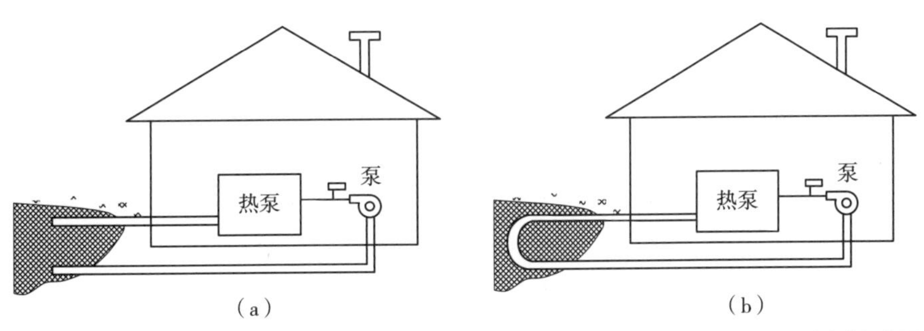

图 5-47 地表水源热泵
（a）开式系统；（b）闭式系统

地下水源热泵：地下水源热泵是采用地下水作为冷热源的一种热泵形式，如图 5-48 所示。近年来，地下水源热泵系统在我国北方一些地区，如山东、黑龙江等地，得到了广泛的应用。相对于传统的供暖（冷）方式，地下水源热泵优点是：高效率，采用温度基本恒定的地下水使得机组运行稳定且高效；经济性，温度较低的地下水可直接用于空气处理设备中，对空气进行冷却除湿处理等。

污水源热泵：污水源热泵也是水源热泵的一种形式。在工业建筑中，污水源热泵系统则是以工业污水作为建筑的冷热源，解决建筑物冬季供暖、夏季制冷和全年热水供应的重要技术。其工作原理为：污水源热泵系统利用污水，通过污水换热器与中介水进行换热，中介水进入热泵主机，主机消耗少量的电能，在冬天将水资源中的低品质能量“汲取”出来，经管网供给供暖系统及生活热水系统；在夏天将室内的热量带走，并释放到污水中，给室内制冷并制取生活热水。污水源热泵系统主要具有节省电能、污水水温稳定、污水量充足、高效节能等特点。

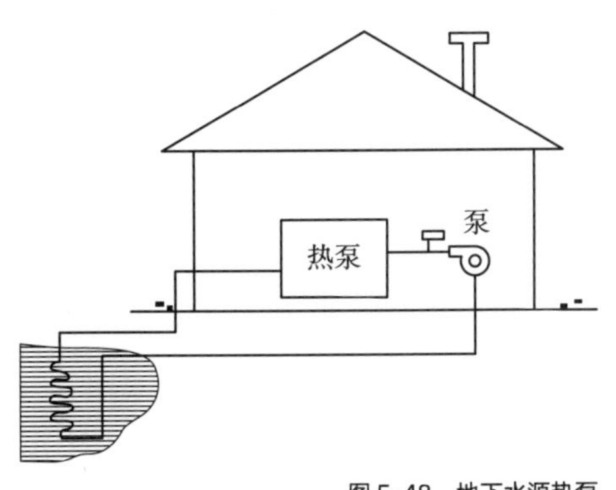

图 5-48 地下水源热泵

由于污水含污量大、腐蚀性强，容易造成管道堵塞、结垢及腐蚀。因此，污水源热泵技术要应用时，必须首先解决管道堵塞和结垢的问题。

5.6.3 工业余热利用系统

余热是二次能源，是燃料燃烧过程中所发出的热量及在完成某一工艺过程后所剩下的热量。根据调查，各行业的余热总资源约占其燃料消耗总量的 17%~67%，可回收利用的余热资源约为余热总资源的 60%。其中，供暖空调是能源消耗的大户，同时也是余热回收潜力最大的地方。若能将供暖空调中的余热进行回收使之转化为冷热源，可有效减少重复建设，节约一次能源。因此，为减少余热的浪费，应采用各种技术手段回收余热废热。

工业余热主要来源于生产过程中产生的废热，包括：①烟气废热：这是最常见的工业废热形式，尤其在电力、化工、冶金、造纸、纺织和建筑材料等行业中，烟气废热占比超过 50%，因其易于捕获和回收而受到广泛关注；②废渣、废水和化学反应热：这些都是生产活动过程中不可避免的副产物，含有大量可供回收的热能。

1. 工业余热的分类

由于生产工艺、生产方法、设备和原料及燃料条件的不同，余热具有多种分类方式，常用分类如下：按照载热体形态余热可分为固态载体余热、液态载体余热和气态载体余热。固态载体余热包括固态产品和固态中间产品、排渣及可燃性固态废料的余热；液态载体余热包括液态产品和液态中间产品、冷凝水和冷却水、可燃性废液的余热；气态载体余热包括烟气、放散蒸汽及可燃性废气的余热。这些余热经过一定的技术手段加以利用，可进一步转换成其他机械能、电能、热能或冷能等。

工业余热资源按温度可以划分为三个区间：高温余热（高于 400℃）、中温余热（100~400℃）和低温余热（低于 100℃）。其中，中高温余热品质较高，更容易捕获和转化利用。工业余热根据温度的不同，可以被利用的方式和程度也会有所区别。

1）高温余热（高于 400℃）

高温余热通常是通过安装在锅炉尾部的经济器初步回收，将高温烟气的热量传递给锅炉进水或其他待加热介质，从而减少主燃烧系统对外部能源的需求。

另外，也可以直接采用废热锅炉生成蒸汽，之后通过汽轮机进行发电，这是一种常见的热电联产（CHP）方式，将余热转化为电能。

2）中温余热（100~400℃）

中温余热通常使用常规的余热回收系统如冷凝式锅炉进行回收，当烟气温度足够低时，烟气中的水蒸气会冷凝放热，从而提高热回收效率。

此外，也可以采用热泵系统（如压缩热泵和吸收式热泵）以及蒸汽泵锅炉等先进回收技术，通过降低冷源温度或增加烟气露点温度等方式加大热源与冷源之间的温差，提高热回收效率并产生蒸汽或进行直接供热。

3）低温余热（低于 100℃）

低温余热，也称低品位余热，回收相对困难，因为它提供的温差较小，难以驱动传统的热力循环。不过，可以通过有机朗肯循环（ORC）或卡林那循环（Kalina cycle）等创新的热力学循环系统来实现低温余热的回收，这些循环利用低沸点工质或混合工质，能在较低的温差下有效回收热量并转化为电能。

另外，低温余热也可以通过换热器传递给其他需要加热的过程或空间，如建筑物供暖、预热过程用水或作为冷却塔的补充水源。

2. 工业余热量

在工业生产过程中存在着巨大的余热资源，在确定这部分余热资源能否进行回收之前应首先计算余热量。然后根据余热量的大小及余热的形式选择余热回收方案。在确定余热回收方案时必须考虑两个问题：一是余热回收的经济性，即在一定的回收期内回收余热的价值应大于余热回收的全部投资；二是现有技术的可行性，例如有些中低温烟气具有很强的腐蚀性，一般的余热回收设备无法解决腐蚀问题。

3. 工业余热利用技术

工业余热的回收利用方式很多，根据余热资源在利用过程中能量的传递或转换特点，可以将目前的工业余热利用技术分为热交换技术、热功转换技术、余热制冷制热技术及低品位工业余热利用技术。

1）热交换技术

余热回收应优先用于本系统设备或本工艺流程，尽量减少能量转换次数。热交换技术是回收工业余热最直接、效率较高的经济方法，对余热的利用不改变余热能量的形式，只是通过换热设备直接传递余热能量。相对应的设备是各种换热器，既有传统的各种结构的换热器、热管换热器，也有余热蒸汽发生器（余热锅炉）等。

2）热功转换技术

利用热功转换技术可提高余热的品位，是回收工业余热的另一重要技术。按照工质分类，热功转换技术可分为传统的以水为工质的蒸汽透平发电技术，以及以低沸点工质的有机工质发电技术。目前主要的工业应用以水为工质，以余热锅炉+蒸汽透平或者膨胀机所组成的低温汽轮机发电系统。

3）余热制冷制热技术

余热制冷制热技术包括余热制冷技术和余热热泵技术。余热制冷技术通常采用吸收式制冷机来实现。这种制冷机利用工业过程中的废热作为驱动能源，通过吸收—发生循环来制冷。在这一过程中，余热被用来加热吸收剂（例如溴化锂溶液），使其吸收制冷剂（例如水）。在发生器中，加热导致制冷剂从吸收剂中分离出来，并产生冷媒蒸汽，进而在冷凝器中冷凝放热。冷凝后的冷媒通过膨胀阀节流降压后进入蒸发器，在低温低压下蒸发，吸收周围环境的热量，从而实现制冷效果。最后，产生的低压蒸汽再次被吸收剂吸收，完成循环。

余热热泵技术是一种能够将低温工业余热中的热量转移到高温热源的装置。例如，可以使用热泵系统从工业废水或排气中提取热量，用于供暖或加热工艺流程中的原料。热泵的工作原理基于蒸汽压缩式制冷循环，通过压缩机、冷凝器、膨胀阀和蒸发器四个主要部件完成热量的提取和释放。在制冷模式下，热泵可以作为空调系统使用，而在制热模式下，热泵则可以提供供暖服务，甚至提供热水。

4）低品位工业余热利用技术

在探讨工业建筑设计的低碳原则时，不可忽视工业生产过程中产生的低品位余热资源的高效利用。这类余热因其温度较低，往往难以直接用于生产过程或作为动力能源，导致其在工业领域的利用率相对较低。大多数情况下，企业仅能回收一小部分余热，主要用于生活热水供应、厂区供暖或生产过程中的辅助加热。

除了工厂自身应用外，冬季城镇集中供热系统为低品位工业余热的利用提供了理想的应用场景。其优势主要体现在两个方面：首先是需求与供应的匹配性。工业生产过程中产生的低品位余热量往往超出了工厂内部对此类热量的需求，因此，过剩的热量需要通过外部热需求来实现有效利用。其次是系统的互补性。低品位工业余热的供应具有间歇性、波动性和不稳定性，而城镇集中供热系统通常由多个热源组成，且热网具备一定的调节能力，末端建筑群的热惯性较大，能够有效地缓解低品位工业余热的不稳定性所带来的影响。将低品位工业余热作为重要的补充能源，与热电厂和锅炉房共同服务于城镇集中供热，对于缓解北方城市冬季供热资源的紧张状况、降低能源消耗以及提升工业能源利用效率具有重大意义。

在构建低品位工业余热集中供热系统时，需要综合考虑多个关键因素，包括单一余热热源的采集技术、多个余热热源的整合策略、热量的有效输配以及整个系统的运行调节机制。

（1）余热采集

工业生产过程中排放的低品位余热不尽相同，需要对常见的余热进行科学的分类，对每一类余热的特点及采集过程中需要注意的事项进行归纳总结。例如，烟气类型的余热介质中往往含尘、含有酸性气体、体积流量大，因此在余热采集过程中必须解决堵塞、磨损、腐蚀及设备体量庞大等问题；蒸汽类型的余热品位较高但通常情况下热量不稳定，且难以采集和输送，因此利用蒸汽余热时宜就近采集、梯级利用；对于循环水类型的余热，水中可能含油含杂质，呈现非中性，因此采集过程中必须注意防腐蚀、防结垢，同时尽量提升余热的品位。

（2）余热整合与输配

工业余热的整体品位低下，在设计过程中务必注意在余热热源允许的范围内提高供水温度。除了提高供水温度以外，还可以通过降低回水温度的方式减小输配电耗，并且降低回水温度还可以回收更低品位的余热，从而显著提升余热回收率。降低回水温度的技术包括：①梯级供热末端，直连的辐射散热器、间连的辐射散热器末端以及地板辐射末端依次相连，回水温度逐级降低，最终可低至30~40℃；②热力站或楼宇式的吸收式热泵，一次网供水驱动吸收式热泵拉低回水温度，回水温度可以降低至20~30℃；③热力站的电驱动热泵，回水温度可以降得更低。

（3）系统运行调节

工业生产与集中供热之间存在矛盾，主要源于低品位余热供热系统调节的挑战。工业企业必须排出生产过程中的余热以保障生产安全，而集中供热系统则需根据用户需求提供稳定的热量以维持室内舒适。在传统的供热系统中，用户用热的不稳定对热源影响不大；然而，工业余热供热系统要求用户必须稳定用热，否则会导致回水温度升高，影响工业生产，甚至中断供热。此外，工业生产中的余热产生受生产计划影响，波动较大，且易受不确定因素干扰；而集中供热需求则随外界气象变化而连续变化，需要热源有良好的调节能力和稳定性。与常规供热方式相比，低品位工业余热系统缺乏调节性，稳定性较差。

因此，低品位工业余热不适合单独用于集中供热，需与传统供热方式结合使用，以确保供热的安全性和稳定性。同时，工业余热在供热系统中的比例应适中，承担30%至50%的基础负荷较为适宜。

5.7.1 储能系统概述

储能系统是能够以多种方式存储能量，并在有需求时释放能量的系统。这些系统能够在能源生产和消费之间提供时间上的灵活性，从而提高能源供应的可靠性和效率。储能系统可以用于平衡供需波动，提高电网稳定性，支持可再生能源的整合，以及提供备用电源。根据储能技术的原理及存储形式差异，可将储能系统分为以下几类：

（1）机械式储能：包括抽水储能、飞轮储能和压缩空气储能等。

（2）化学式储能：其中可细分为电化学储能、化学储能以及热化学储能等。电化学储能包括铅酸、镍氢、锂离子等常规电池和锌溴、全钒氧化还原等液流电池；化学储能包括燃料电池和金属空气电池；热化学储能则包括太阳能储氢以及利用太阳能解离—重组氨气或甲烷等。

（3）热能式储能：包括含水层储能系统、液态空气储能以及显热储能与潜热储能等高温储能。

1. 机械式储能

物理储能一般用于大规模储能领域，主要包括抽水储能、压缩空气储能、飞轮储能等，其中抽水储能是主要的储能方式。物理储能是利用天然的资源来实现的一种储能方式，因此更加环保、绿色，而且具有规模大、循环寿命长和运行费用低等优点。缺点是建设局限性较大，其储能实施的地理条件和场地有特殊要求。而且因为其一次性投资较高，一般不适用于小规模且较小功率的离网发电系统。

1）抽水储能

目前在电力系统中应用最广泛的一种物理储能技术，即为抽水储能。它是一种间接的储能方式，用来解决电网高峰与低谷之间的供需矛盾。如图 5-49 所示，夜间时过剩的电力驱动水泵从下水库抽到上水库储存起来，然后在第二天白天和前半夜将水闸打开，放出的水用来发电，并流入到下水库。即使在转化间会有一部分能量因此而流失，但在低谷时压荷、停机等情况下，使用抽水储能电站仍然比增建煤电发电设施来满足高峰用电成本更低，具有更佳的效果。除此以外，抽水储能电站还可以作为电网运行管理的重要工具，不但能担负调频、调相还可以作事故备用等动态功能。

2）飞轮储能

飞轮储能突破了传统化学电池的局限，是一种用物理方法实现的储能方式。当飞轮以一定角速度旋转时，即具有一定的动能，飞轮电池则将其动能转换成电能。如图 5-50 所示，飞轮储能装置中有一个复合电机（电动机 / 发电机），充电时该电机作为电动机运转，在外界电源的驱动下，电机带动飞

图 5-49 抽水储能

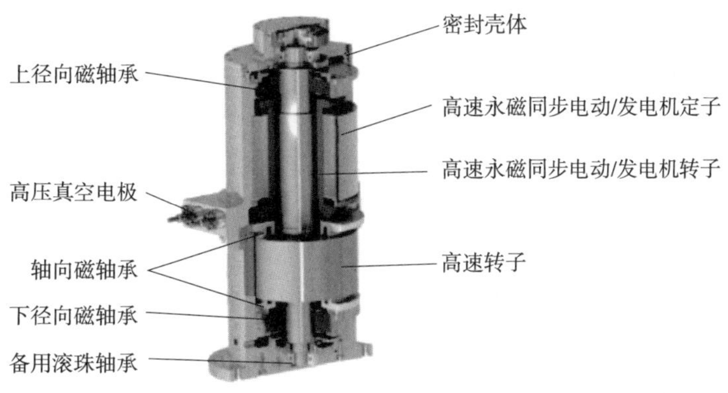

图 5-50 飞轮储能装置结构

轮进行高速旋转，即用电给飞轮电池“充电”增加了飞轮的转速从而增大其动能进行能量存储；放电时，电机作为发电机运转，在飞轮的带动下对外输出电能，完成机械能（动能）到电能的转换过程。同时，由于飞轮储能是纯物理储能，具有稳定可靠，对使用环境（温度、压力等）要求低的优点，相比于不具备环保优势的化学储能方式，具有明显的优势。

3）压缩空气储能

在工业建筑领域，传统的电化学储能系统常因成本、容量、寿命及放电时间等因素而受限，需要探索新型储能技术。压缩空气储能系统作为一种高效储能方式，正逐渐受到业界的广泛关注。该储能技术是利用压缩机将电能以高压空气形式储集，再通过释放高压空气膨胀推动透平机发电的一种储能技术。

压缩空气储能技术，依据储气介质的不同，可划分为地下洞穴储气、人工硐室储气及金属容器储气三种主要类型。地下洞穴储气方式受限于特定的地质条件，而人工硐室储气则受限于较高的建设成本。相对而言，采用地面高压储气罐的方式，能够突破地理条件的限制，展现出较高的灵活性与适应性。进一步地，根据压缩空气在压缩与膨胀过程中热量管理的方式及其储存状态，压缩空气储能技术可被细分为补燃式、绝热式、等温压缩、液态压缩以及超临界压缩等类型。补燃式压缩空气储能技术，通过在储气室后端燃烧化石燃料以提升空气温度，进而实现膨胀发电，但此方法并不具备绿色低碳的特性。

等温压缩、液态压缩以及超临界压缩空气储能技术，因其高效率和高能量密度的特点，在理论上相较于绝热压缩空气储能技术具有一定优势。然而，这些技术当前尚未成熟，未能被广泛应用。绝热压缩空气储能技术，作为一种相对成熟且应用广泛的技术，利用换热器将压缩过程中产生的热量存储于储热装置中，并在释放高压空气时使用存储的热量进行加热。此外，该系统还能与太阳能光伏发电技术相结合，实现能源的有效存储与转换。

如图 5-51 所示，光伏—压缩空气储能系统中，光伏系统将太阳能转换为电能直接供给工业建筑使用，或用于驱动压缩空气储能系统中的压缩机。在电力需求较低的时段，过剩的光伏电能可用于生成压缩空气。在此过程中，环境温度和压力下的空气被压缩至高温高压状态，随后通过换热器及热能存储技术，将这些高温高压空气冷却至高压常温状态，并储存于高压储气罐中。在压缩空气的过程中，产生的热量被转移至热载体中。部分热量用于加热罐中的热载体，或者将产生的高温热载体输送至干蒸汽发生器，以生成工业生产所需的高品质干蒸汽；另一部分热量则可以直接用于生产热水。该系统的设计使其能够提供包括电力、热能及冷能在内的综合能源供应，从而满足工业生产多样化的能源需求并提升了能源利用效率。

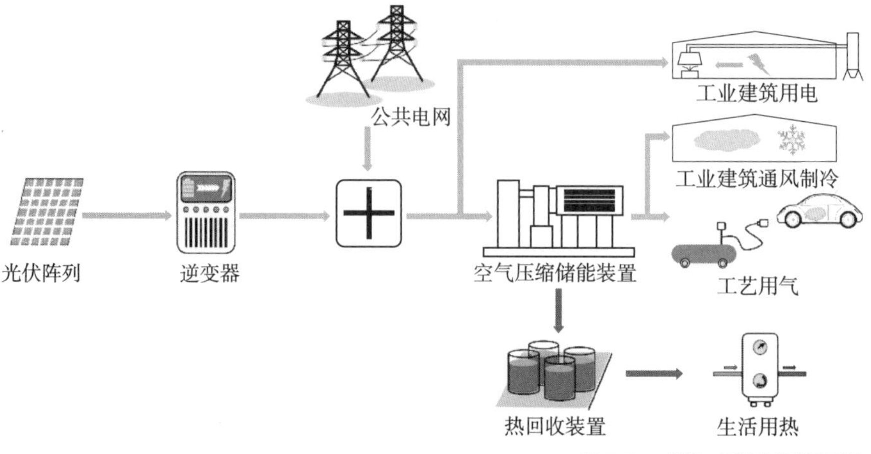

图 5-51　光伏—压缩空气储能系统

对于石油化工等特殊行业的工业建筑，在事故发生时，传统正压送风方式可能无法确保新风品质。可利用压缩空气的高净化品质和远距离输送优势，将其引入正压室。在正压送风量相同条件下，压缩空气输送管道的截面远小于传统机械送风管道，从而大幅减少了井道的占用面积。此外，压缩空气输送管道管径小且气源相对纯净，非常符合建筑狭小空间的通风需求。通过均匀布置压缩空气管道和节气喷嘴，简化了系统设计，减少了外部空间占用，并有效避免了通风死角。在隧道分支节点设置压缩空气支管，确保了气流的均匀分布。

在制备压缩空气过程中产生的压缩热，可通过热回收技术进行余热利用，服务于工艺加热、建筑供暖及通风系统。同时，利用压缩空气作为冷媒，通过高压喷嘴释放压缩空气形成冷风射流，该射流在绝热膨胀过程中吸收空气热量，并通过卷吸和掺混作用实现空气的降温和加湿，从而减少温室气体排放、降低空调系统能耗及运行成本，如图 5-52 所示。

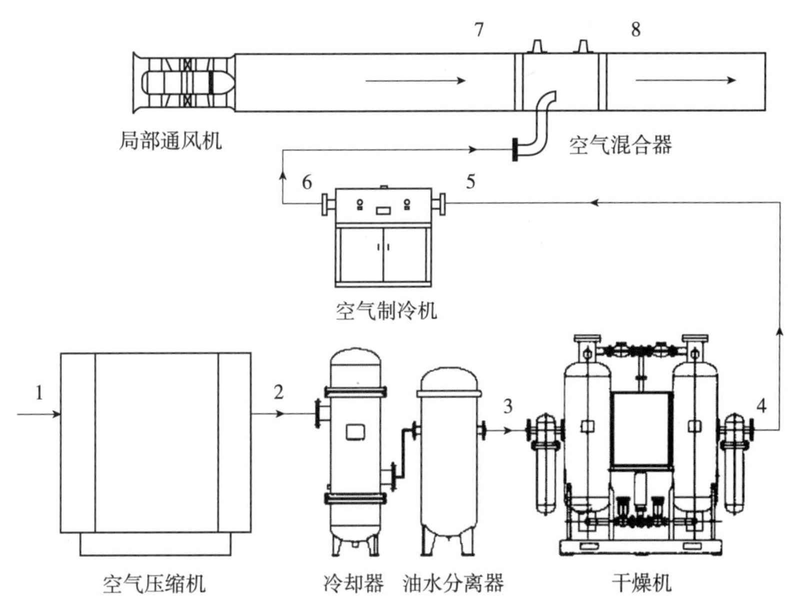

图 5-52　压缩空气的通风与制冷

我国现已建成多个压缩空气储能发电项目，如图 5-53 所示。2013 年，在河北廊坊建成了国际首个 1.5MW 先进压缩空气储能示范系统，系统效率达到了 52.1%；2014 年，安徽芜湖建成了世界第一台 500kW 非补燃压缩空气储能示范工程，该系统基于多温区高效回热技术储存压缩热并用其加热透平进口高压空气，实现储能发电全过程的高效转换和零排放，目前系统电换电试验效率达到 40%；2016 年，在贵州毕节建成了国际首套 10MW 先进式压缩空气储能的示范系统，系统效率达到了 60.2%；2021 年 8 月，在河北张家口

(a)

(b)

图 5-53　国内压缩空气储能系统
(a) 廊坊 1.5MW 压缩空气储能系统；(b) 芜湖 500kW 压缩空气储能系统

建成了国际首套百兆瓦先进压缩空气储能国家示范项目，并于当年年底顺利并网，系统设计效率为 70.4%。

2. 化学式储能

电化学储能利用化学元素作为储能介质，充放电过程伴随储能介质通过化学反应或者价态变化进行化学能的存储与释放。作为当今主要的储能技术，电化学储能应用广泛，在整个电力行业的发电、输送、配电以及用电等各个环节均发挥着重要作用。电化学储能通过电化学的原理，实现电能到化学能的可逆吸热反应，即充电过程；也可实现从化学能到电能的放热化学反应，即放电过程。当前电化学储能使用的电池主要包括：锂离子电池、液流电池、燃料电池等，截至 2023 年，各类电池在电化学储能中的占比如图 5-54 所示。

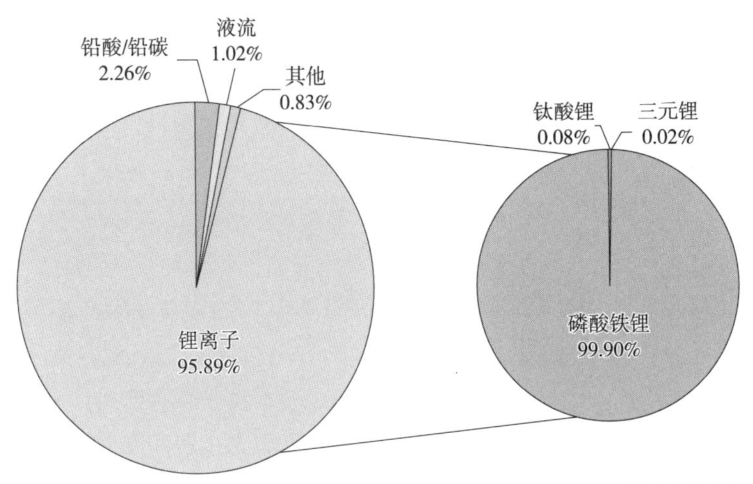

图 5-54　各类电池在电化学储能中的占比

1）电化学储能：锂离子电池

锂离子电池具有储能密度高、充放电效率高、响应速度快、循环寿命较长等优点，当前储能用磷酸铁锂电池的循环寿命一般为 5000~8000 次，服役寿命 8~10 年，是目前发展最快、应用最广泛的新型储能技术。在电池技术方面，储能锂电池进一步向大容量电池方向发展并广泛地应用于工商业储能、户用储能以及便携式储能，如图 5-55 所示。目前，我国已完成多个 100MW 级锂离子电池储能项目，如宁夏的 100MW/200MWh 储能电站，年平均放电量 5000 万 kWh；新疆首座电网侧新型独立储能电站哈密十三间房 90MW/180MWh 储能调峰调频电站并网投运；华能上都百万千瓦级风电基地配套储能项目（200MW/400MWh）在内蒙古自治区实现全容量并网；国内最大的光储融合治沙电站“甘肃武威 500MW+103.5MW/207MWh 新能源示范项目”完成了一期并网；国内燃煤电厂最大电化学储能辅助调频项目，广东台山电厂 60MW 电化学储能项目正式投入生产运营。

锂离子电池凭借高能量密度优势，在储能领域展现出显著的发展潜力。具体而言，锂离子电池能够在快速充放电过程中实现对电网的调峰和调频。此外，锂离子电池的能量转换效率高达 80% 至 90%。其快速的响应时间，更是有利于维持电网的稳定。目前，锂离子电池循环寿命显著提升，如宁德时代在福建晋江所设计的储能电站，预期能够实现电池单体 12000 次的长寿命循环。然而，锂离子电池在商业化应用中也遭遇了一系列挑战。安全性问题尤为突出，无论是作为动力电池还是储能电池，锂离子电池在某些情况下可能会发生爆炸或起火，这不仅对人员安全构成威胁，也对设备和资产的保护提出了更高的要求。此外，随着电化学储能产业的持续扩张，未来锂资源的供给可能难以满足日益增长的需求，这将对锂离子电池的可持续发展和成本效益构成挑战。

2）电化学储能：液流电池

根据正负极电解质溶液中活性电对种类的不同，液流电池可分为铁铬液流电池、锌溴液流电池、全铁液流电池、全钒液流电池等。图 5-56 为铁铬

图 5-55　锂离子储能电池仓

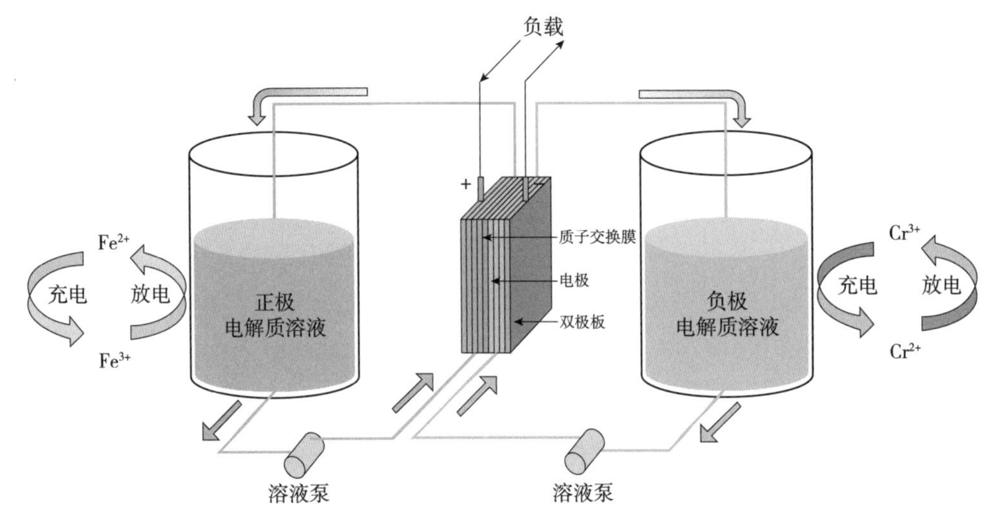

图 5-56　铁铬液流电池结构示意图

液流电池结构示意图。根据正负极电解质活性物质的形态，液流电池又可分为液 - 液型液流电池和沉积型液流电池。不同于其他传统二次电池（如镉镍电池、锂离子电池）中电极材料永久封闭在电池壳体中，液流电池的阴阳极反应物为单独储存并通过泵体控制流量的液体电解质。这些电解质既是电极反应的活性物质，又是离子传输的载体。通过控制液体电解质存量和流速，即可调节电池的储能容量和输出功率。液流电池可以在不损伤电池的情况下实现 100% 深度放电，并且通过电解液的更换，即可实现电池"瞬间充电 / 放电"。基于上述优点，液流电池具有非常高的设计自由性和灵活性。液流电池另一个特点是活性物质电解质为水溶液，使得电池系统不存在起火的风险，安全性高，非常适合用于大型储能站的建设。

3）电化学储能：燃料电池

燃料电池是一种能直接将燃料和氧化剂的化学能转化为电能的装置。与其他二次电池充放电的工作模式不同，燃料电池在工作时连续不断地输入燃料（氢气、甲烷等）和氧化剂（空气、氧气）即可连续稳定地输出电能。燃料电池的分类方式和种类繁多，根据电解质的差异，可以将燃料电池分为质子交换膜燃料电池（PEMFC）、碱性燃料电池（AFC）、直接甲醇燃料电池（DMFC）、熔融碳酸盐燃料电池（MCFC）、磷酸燃料电池（PAFC）、固体氧化物燃料电池（SOFC）等。虽然每一种燃料电池的工作条件有所不同，但总体结构和工作机制基本相似，即正负极活性物质单独储存，在电解质界面（如质子交换膜）发生电化学反应输出电能，如图 5-57 所示。

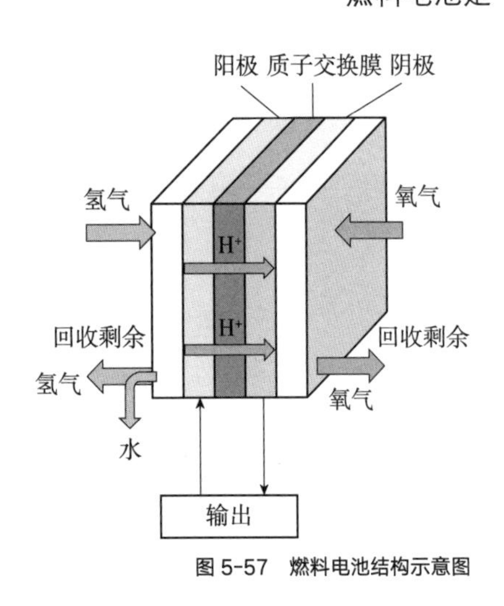

图 5-57　燃料电池结构示意图

在工业园区，燃料电池系统可以作为分布式能源供应的核心，提供稳定可靠的电力。这些系统通过利用氢气、天然气或工业副产品中的甲烷作为燃料，能够实现能源的高效利用，并在一定程度上减少对外部电网的依赖。此外，燃料电池的废热可以回收用于供暖和热水供应，实现热电联产（CHP），进一步提高能源利用效率。

在工业建筑中，燃料电池技术的应用有助于构建智能能源管理系统，实现能源的优化配置。通过与太阳能、风能等可再生能源的集成，燃料电池能够提供更加灵活和高效的能源解决方案。同时，燃料电池系统可作为紧急备用电源，保障关键设备和系统的连续运行，增强建筑的能源安全。

燃料电池系统的模块化设计使其能够根据工业园区或工业建筑的具体需求进行定制。这种灵活性不仅体现在规模的调整上，还体现在与不同工业过程的集成能力上。例如，燃料电池可以与电解槽结合，利用可再生能源制氢，再通过燃料电池发电，实现能源的循环利用。

4）热化学储能：太阳能制氢

氢能具备质量能量密度高、绿色无污染等一系列优势。现有主要制氢方式如图 5-58 所示。较为成熟的技术路线有 3 种，即使用煤炭、天然气等化石能源重整制氢，以醇类裂解制氢技术为代表的化工原料高温分解重整制氢，以及电解水制氢。其中利用可再生能源（风、光等）电解水制氢可以将无污染、零排放贯穿氢气制备到使用的全过程，同时解决太阳能开发利用中的弃光问题。利用清洁能源发电制氢是未来氢能发展的重要方向。作为能源转型的重要载体，氢能可以通过可再生能源制取，再发电提供电力和热量；也可通过“电－氢－电”模式，发挥氢电耦合协同作用，实现氢储能，发挥其电力调节的作用。

光伏电解水制氢系统包括太阳能电池及电解槽两个部分，如图 5-59 所示。其能量转化形式主要是通过太阳能电池将光能转化为电能，一部分电能经过后处理可用于储能电池或者直接提供给工厂及生活用电；另一部分电

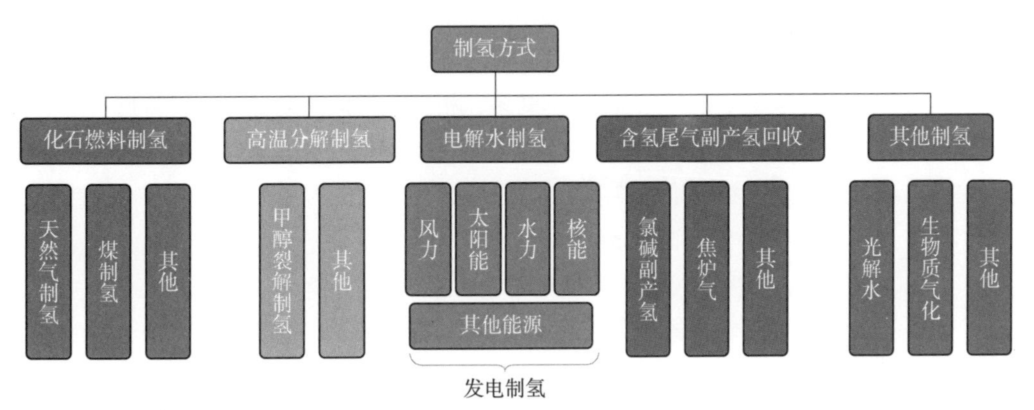

图 5-58　制氢方式

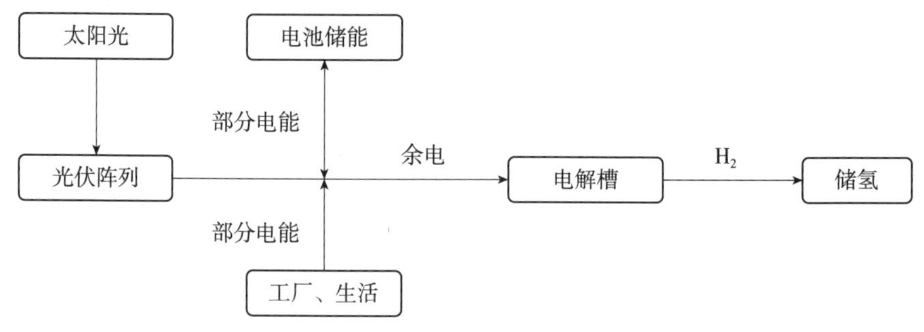

图 5-59　光伏电解水制氢路线

能可用于电解水制备氢气，即将电能进一步转化为化学能，实现对电能的存储。

3. 热能式储能

热能式储能（Thermal Energy Storage，TES）技术是一种高效的能源管理方式，它允许在能源需求较低时储存能量，并在高峰时段释放能量以满足需求。这种技术的核心在于使用特定的储能介质——相变材料（Phase Change Material，PCM），这些材料在熔化、凝固、汽化或液化等相变过程中能够吸收或释放大量的潜热。由于这种热能储存和释放的过程与材料的相变温度紧密相关，因此可以通过选择合适的相变材料来针对不同的应用需求进行热能的储存与调控。

在热能式储能系统中，相变材料在储存热量时熔化，在释放热量时凝固，这一特性使得系统能够在相对较小的温度变化下储存和释放大量的热能。这种技术广泛应用于太阳能热利用、电力峰谷负荷管理、工业过程热量回收以及建筑供暖和制冷系统。通过热能式储能，可以提高能源系统的灵活性和效率，减少对环境的影响，并推动低碳能源解决方案的发展。

相变储能技术主要分为相变蓄热技术和相变蓄冷技术。而相变围护结构技术通过将相变材料集成到建筑的围护结构中，如墙体、屋顶或地板，利用材料的相变特性调节建筑内部的温度。这种被动式温度调节方法可以显著降低建筑的供暖和制冷需求，减少能源消耗，并提高建筑的热舒适性。最后，大规模跨季节储热技术是一种高效的能源存储方法，它利用地下储热库在非高峰季节存储能量，并在需求高峰季节释放能量。这种技术在平衡能源供需、提高能源利用效率以及促进可再生能源的整合方面具有显著优势。

1）相变蓄热技术

相变蓄热技术将电能和热能转换为热能并存储于相变材料中，以便在需要时释放这些热能来满足用户需求。图 5-60 展示了一个典型的相变蓄热系统，该系统通过电转热装置将来自不同能源（如光伏、风电、火电及光热）的电能转换为热能。

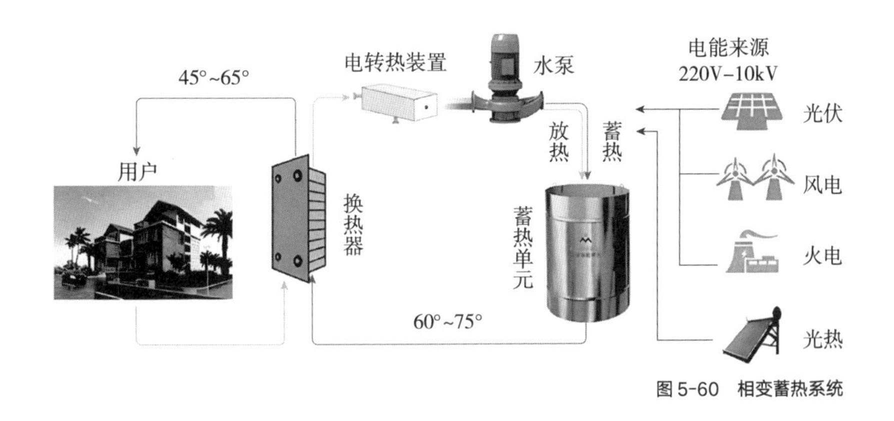

图 5-60　相变蓄热系统

在蓄热阶段，系统利用电转热装置加热流体介质，如热水，使其温度升至 45℃至 65℃之间。随后，热水通过水泵输送至装有相变材料的蓄热单元。在蓄热单元内，相变材料吸收热量并开始熔化，储存热能。相变材料的选择基于其能在特定温度范围内发生相变的特性，这使得材料能够在熔化和凝固过程中吸收和释放大量的潜热。放热阶段发生在用户需要热能时，例如供暖或热水供应。此时，冷却的流体介质流经蓄热单元，相变材料因介质的较低温度而凝固，释放储存的热能至流体介质中。最终，加热后的流体介质通过换热器提供给用户，满足其热能需求。

该系统的优势在于能够实现热能的高效存储和按需释放，减少了能源浪费，并提高了能源供应的可靠性。此外，相变蓄热技术可以与可再生能源系统相结合，如光伏和风电，以平衡这些能源的间歇性和不稳定性，从而优化整体能源利用效率。

2）相变蓄冷技术

相变蓄冷技术是利用相变材料在其本身发生相变的过程中，通过吸收并在必要时向环境放出冷量，从而实现平衡电网负荷、控制环境温度和节能等目的。它在制冷低温、暖通空调、建筑节能、热能回收、太阳能利用、航空航天等领域都有广泛的应用前景。相变蓄冷技术主要分为三种：冰蓄冷技术、气体水合物蓄冷技术、潜热型功能热流体蓄冷技术。

（1）冰蓄冷技术：冰由于具有大蓄能密度，因此冰蓄冷所需的蓄冷槽体积比水蓄冷小得多，由此造成冰蓄冷槽易于布置在建筑物内或周围。冰蓄冷的主要缺点是：冰具有很低的相变温度，且由于蓄冰时存在较大的过冷度，导致能耗增加，且制冷机组的 *COP* 降低。

（2）气体水合物蓄冷技术：利用气体水合物可以在水的正常冰点以下及冰点以上结晶固化的特点形成的特殊蓄冷技术。用制冷剂气体水合物作为蓄冷的高温相变材料可以克服冰、水、共晶盐等蓄冷介质的弱点。早期被研究的气体水合物蓄冷对大气臭氧层有破坏作用，国内外随后对一些替代制冷剂气体水合物进行了研究，并已经得到了具有较好的蓄冷特性的制冷剂气体水合物。

（3）潜热型功能热流体蓄冷技术：潜热型功能热流体是一种固液多相流体，其主要成分是特制的相变材料微粒和单相传热流体，是通过两种成分相互混合而成的。混合成的流体状态分为相变乳状液和微胶囊乳状液两种。潜热型功能热流体蓄冷技术的特点是：潜热型功能热流体具有比较大的蓄冷密度、广泛的材料来源及低廉的价格，为蓄释冷过程中的强化传热创造条件，其相变前后都能保持流动状态。

3）相变围护结构

我国建筑全过程能耗占能源消费总量的45%，碳排放量占排放总量的50.6%，其中供暖和制冷的能源消耗占比在60%~70%左右，而建筑节能水平很大程度取决于围护结构热工性能。因此，提高围护结构的热工性能以达到节能的目的是非常必要的，而蓄热技术是提高围护结构热工性能的最佳途径之一。寻求舒适、低能耗和环境的合理平衡是建筑节能领域的重点。

相变材料（PCM）具有高储存密度和较小温度波动的优点，是能够储存或释放作为潜热的热能的物质，在热管理领域具有巨大的应用潜力。通过加入PCM来提高建筑围护结构的热能储存能力是调节室内温度的可持续方法之一，从而改善室内热舒适度并节省建筑能耗。由于PCM在相变过程中有储存和释放热量的能力，则可以实现建筑隔热保温、储热或储冷、提高建筑设备使用效率等，实现热量在时间或空间上的转换，有效地提升建筑能源利用率，达到节约建筑能耗的目的。目前，PCM可以加入到混凝土砌块、石膏板、砂浆、砖块等建筑构件中。

（1）墙体：导热、空气热对流和热辐射三种形式是建筑热传导的主要形式。使用轻质建筑材料比如石膏板或矿物纤维绝缘材料，对构建轻质建筑具有重要意义。在满足建筑规范的前提下，将相变材料加入石膏板中制成相变墙体，白天温度较高，工质通过相变吸收多余潜热并储存，在夜晚温度较低时，通过相变放热，向房间供热完成循环。将相变材料与绝缘材料混合在一起，提高建筑墙体的节能效果。把相变材料和保温材料结合在一起，提高墙体的保温性能和蓄热性。

（2）屋顶：传统材料以混凝土为主，对于屋顶而言，由于处于建筑顶端，所以受到的太阳辐射较多，且屋顶处风速较大，空气扰动强烈，对流换热系数大，热量损失将近70%。因此，对屋顶材料的改善可以对建筑节能起到明显的作用，将相变材料注入夹层玻璃中，由于夹层空间较小，空气在夹层玻璃中几乎不流动，传热方式只有导热，而空气的导热系数较低，从而起到良好的保温作用，并且造价低廉，而且美观。

（3）地面：目前，冬季取暖采用低温辐射地板也比较普遍，其主要原理是通过太阳能与集中供暖、电能加热循环水来实现地板的加热，地板再以导热和辐射的方式向人体和空气散热，使人的舒适感大幅提高。将相变材料与地板相结合可以延迟水温降低的速率，并且使其蓄热能力大幅提升。

4）大规模跨季节储热技术

大规模跨季节储热技术是一种将非高峰季节的热能存储起来，在需求高峰季节释放以满足供暖、工业过程加热或电力生产需求的能源管理策略。该技术通过利用地下储热库在夏季存储热能，并在冬季释放，有效平衡了能源供需，提高了能源利用效率，并促进了可再生能源的整合。

工业生产通常会产生大量工业余热，这些余热以往被排放到环境中，造成能源浪费。通过跨季节储热系统，这些废热可以被回收并存储，在需要时用于供暖或其他工业过程，从而降低了能源成本并减少了温室气体排放。例如，赤峰市的太阳能跨季节储热示范工程就利用了地埋管跨季节储热系统，结合工业余热和太阳能，实现了大规模区域供热。

跨季节储热技术的关键挑战之一是如何控制热损失并提高热能提取效率。通过优化储热体的设计，例如使用高效的隔热材料和控制策略，可以显著降低热损失。目前常见的储热结构有罐式储热、池式储热、地埋管储热和含水层储热，如图 5-61 所示。以地埋管储热系统为例，它通过在土壤中埋设管道，利用土壤的热容量来存储热能，这种方法具有较低的热损失率。此外，跨季节储热技术在经济性方面也具有潜在优势。通过合理优化储热体设计和系统流量控制，可以提高储热效率和输配效率，降低输配成本。大规模的储热系统可以提高储热效率，实现储热成本的降低。

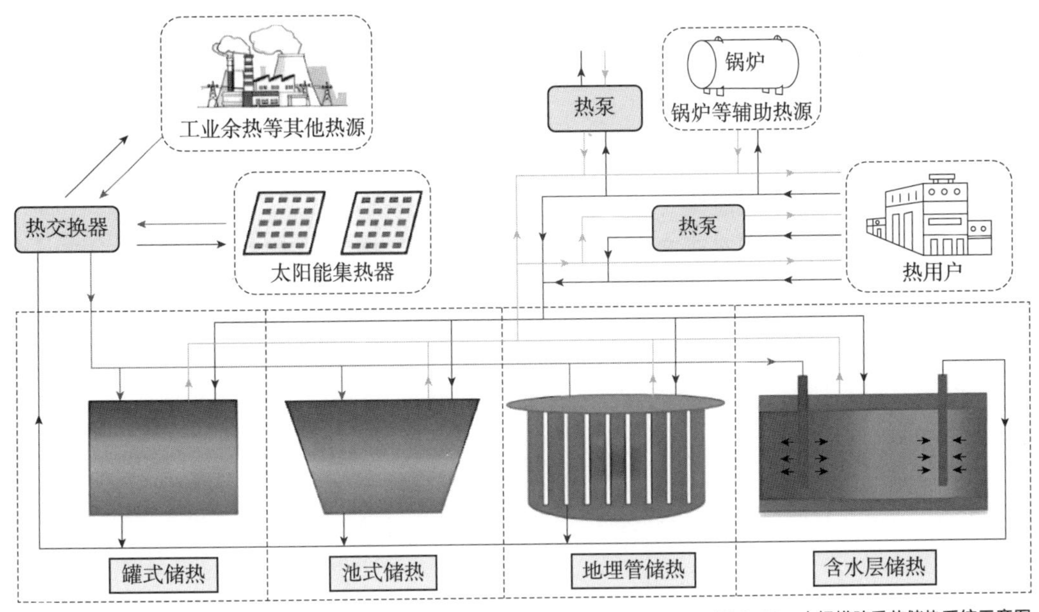

图 5-61　大规模跨季节储热系统示意图

跨季节储热技术的发展也受到了新型材料技术的影响。高性能的储热介质、储热体结构材料、保温隔热材料及防水材料对于提高系统可靠性至关重要。随着新型材料的开发和应用，预计跨季节储热系统的效率将进一步提高。

5.7.2 建筑柔性能源系统

建筑用电柔性是通过调节用户侧解决发电负荷和用电负荷不匹配问题的一种能力。建筑用电柔性来自如下方面：一是建筑用电设备，在保障生产生活基本质量的前提下，通过优化设备的运行时序和运行功率，实现用电规律调节；二是储能设施，投资建设储能电池、蓄冰槽、蓄热装置等，直接或间接地实现电力的存储。

1. 光储直柔

“光储直柔”是指通过光伏等可再生能源发电、储能、直流配电和柔性用能来构建适应碳中和目标需求的新型建筑能源系统，其原理图如图 5-62 所示。

利用建筑表面敷设光伏板、充分利用建筑作为光伏等可再生能源的生产者是实现建筑低碳发展的重要途径；储能是实现建筑能量蓄存、调节的重要手段，需要从建筑层面整体考虑储能方式，包括建筑周围停靠的电动车等都可以作为有效的储能资源；直流化是实现建筑内光伏高效利用、高效机电设备产品利用的重要途径，系统内设备通过 DC/DC（直流）变换器连接到直流

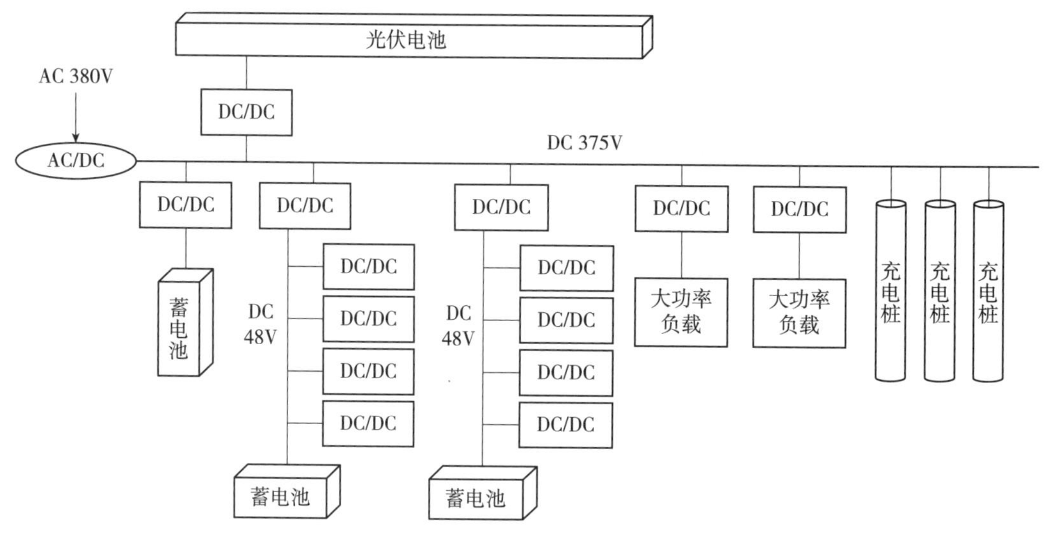

图 5-62 “光储直柔”建筑能源系统原理图

母线，在建筑内打造出直流配电系统；“光储直柔”建筑的最终目标是实现建筑整体柔性用能，使得建筑从传统能源系统中仅是负载转变为未来整个能源系统中具有可再生能源生产、自身用能、能量调蓄功能“三位一体”的复合体，也是建筑面向未来低碳能源系统构建应当发挥的重要功能。

2. 用电设备的柔性

建筑中有丰富的可调节设备，或是可以转移用电负荷，或是可以削减用电负荷。例如，暖通空调就是典型的可调节负荷，建筑围护结构、冷水系统都具有一定的蓄冷和蓄热能力，短时间地关闭空调或调整空调输出功率并不会显著影响室内环境温度，因此，在不影响或少影响用户舒适度的情况下实现负荷柔性控制。智能设备可以通过节能模式降低负荷，也可以延迟启动避开高峰。此外，还有很多自带电池的移动设备也可以作为可中断负荷来调控。过去用电设备的调节手段主要为满足多样化的使用需求，现在则是基于智能化管理调度，利用用电设备的柔性改变建筑的负荷形态，实现电力调峰和可再生能源消纳。

3. 储能设施的柔性

储能电池是直接储存电力的设备，它既可以作为建筑或者设备的备用电源在电力供给故障时为建筑或者设备提供短暂的电力供给，还可以结合峰谷电价在低电价时段储存电力，在高电价时段释放电力，从而实现削峰填谷。在不少建筑中已采用的冰蓄冷、水蓄冷等蓄能装置可以间接储存电力，即把用电低谷时期的电力通过暖通空调系统转化为冷热量储存起来，在用电高峰时期释放储存的能量以减少原本暖通空调在该时段需要消耗的电力。

第6章 优秀低碳工业建筑案例解析

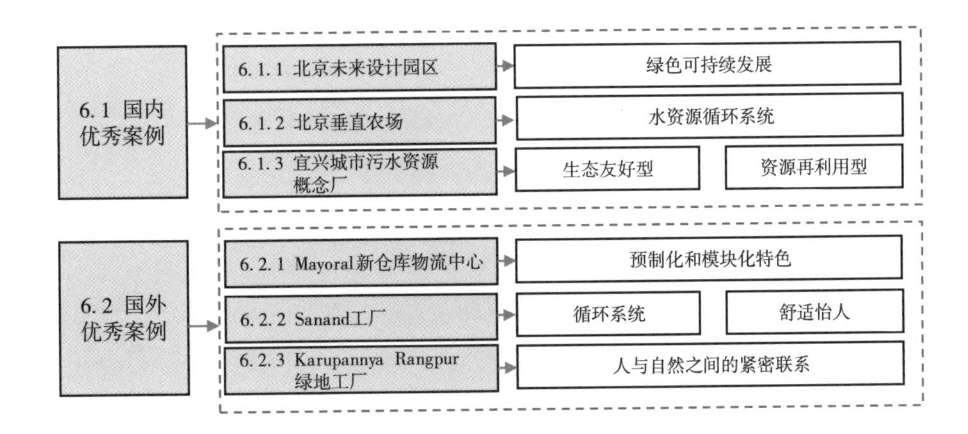

6.1.1 北京未来设计园区

北京未来设计园区位于北京张家湾设计小镇，由原铜牛厂改造而成。园区聚焦设计产业的前端研发与创新，集创研工作室、大师工作室、设计博物馆、设计交流与展示中心等多功能于一体，致力于构建绿色、智慧、共享的多元活力场景，力求打造一个充满设计感、科技感、工业感、未来感和幸福感的家园，如图 6-1 所示。

图 6-1　北京未来设计园区鸟瞰图
（图片来源：北京市建筑设计研究院有限公司胡越工作室、第六建筑设计院提供）

园区坚守了不搞大拆大建的原则，充分尊重原有园区的规划格局、建筑空间和工业建筑特征。老厂房的保护性利旧，成为改造过程中的核心理念。现代化的共享办公空间内，钢结构均来自旧材料，经过局部加固后焕发新生。车间穹顶两侧巧妙地设计了两个“牛角”，以此纪念老“铜牛”的辉煌历史。传统的钢梁、立柱与现代装饰、高科技智慧大屏相得益彰，展现了亦旧亦新的独特魅力。

园区积极探索绿色可持续发展之路。在改造过程中，采用建筑光伏一体化、地源热泵功能、智慧能源管理平台等多种手段，构建了健全的生态环境综合治理体系，为城市的可持续发展贡献力量。

在屋面形式及工程做法上，园区同样展现了精湛的工艺和细致的设计。成衣车间建筑主体采用镀铝锌金属屋面，搭配 135 厚玻璃棉保温；两侧设备

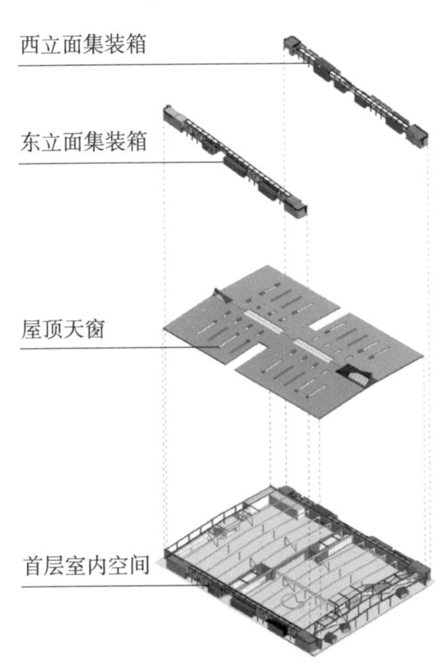

图 6-2 成衣车间改造设计
（图片来源：北京市建筑设计研究院有限公司胡越工作室、第六建筑设计院提供）

集装箱房采用冲压板金属屋面，同样配备玻璃棉保温；四角箱式房则采用混凝土楼板正置式屋面，搭配 130 厚挤塑聚苯板保温。每种屋面形式都经过精心设计，确保了良好的保温隔热效果，如图 6-2 所示。

在屋面防水等级和设防要求上，园区严格按照规范进行。屋面防水等级达到一级，主厂房和集装箱房金属屋面采用高品质的防水材料，确保防水效果持久可靠。四角箱式房混凝土板屋面则采用双层 SBS 改性沥青防水卷材，提供了双重保障。

特殊屋面系统的设计也充分展现了园区的创新精神和精湛技艺。成衣车间采用的镀铝锌金属屋面系统，不仅具有良好的保温隔热性能，还具有美观大方的外观，如图 6-3 所示。其板型标准、基板厚度、直立肋高、表面涂层等参数均经过精心选择和设计，确保了系统的稳定性和耐久性。局部特殊造型天窗采用厚度达 3.0mm 的铝合金板，搭配 PVDF（聚偏氟乙烯）涂层，既美观又实用。整个屋面系统的构造合理，自重轻，传热系数低，隔声量高，还具备良好的降雨噪声隔绝性能，为园区提供了一个舒适、安静的工作环境。

图 6-3 成衣车间屋顶
（图片来源：北京市建筑设计研究院有限公司胡越工作室、第六建筑设计院提供）

北京未来设计园区以其独特的工业风与现代感、科技感、艺术感的完美融合，展现了一个充满活力与创新的设计园区形象。在改造过程中，园区坚持保护性利旧的原则，实现了限额设计与高品质呈现的完美结合；同时引入先进科技建筑技术，探索绿色可持续发展之路，为城市的未来发展注入了新的活力与希望。

6.1.2 北京垂直农场

北京垂直农场位于中国农业科学院的校园内，是由透明玻璃构建的三层建筑，如图 6-4 所示。

图 6-4 北京垂直农场

建筑内部围绕一个宽敞的入口大厅展开，大厅内陈列着一系列创新的垂直栽培技术，展示了现代农业的无限魅力。精心设计的路线贯穿其中，引导参观者穿梭于露天果树和浆果树之间，领略自动垂直生菜种植的神奇魅力，感受 LED 灯下水果种植的科技魅力，以及日光下种植西红柿和黄瓜的屋顶温室的自然之美，如图 6-5 所示。

图 6-5 北京垂直农场内部

面对中国大都市数百万居民对绿色健康食品的需求，如何将其生产融入城市及其周边地区成为一个紧迫的课题，建立北京垂直农场正是解决这一问题的有效方案。它采用垂直园艺的方式，将园艺空间巧妙地堆叠在紧凑的占地面积上，实现了高效利用土地资源和提高产量的双重目标。这一新型的专业种植建筑，不仅面向广大受众，更彰显了食品在城市中的核心地位，为都市农业的发展注入了新的活力，如图 6-6 所示。

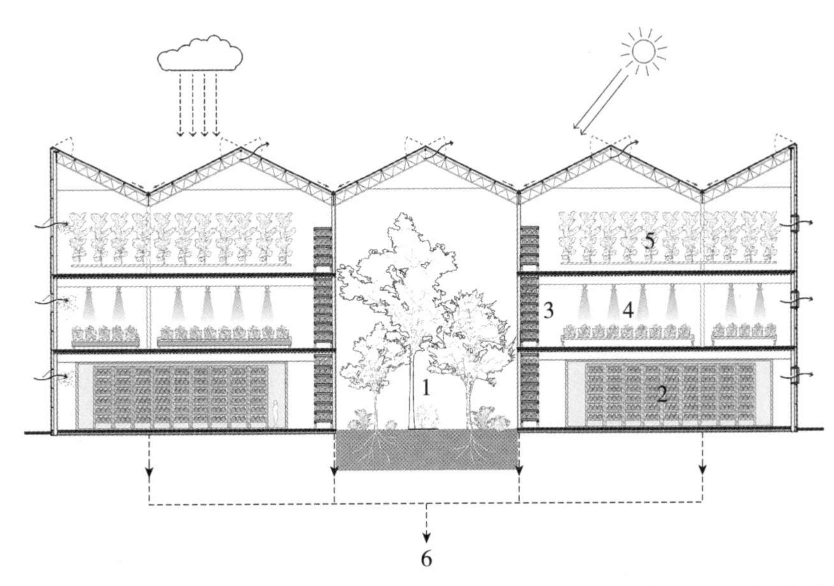

图 6-6　垂直栽培技术

1—果树和浆果树；2—无核小果和浆果；3—培养叶菜的多层支架；4—叶菜（双层）；5—水果蔬菜（三层）；6—雨水回收和废水回收

水资源在这座建筑中得到了极致的珍视与利用。灌溉植物时，系统精准地分配每一滴水，确保植物得到恰到好处的滋润，而剩余的宝贵水资源则被巧妙地回收和再利用，形成了一个闭环的水资源循环系统，从而实现了水资源的最大化利用和零浪费。

大楼的气候控制同样体现了对可持续能源的深入探索与实践。自然通风与基于蒸发的冷却方式相结合，既为植物营造了舒适的生长环境，又显著减少了对传统制冷系统的依赖，进而大幅降低了能源消耗和碳排放，如图 6-7 所示。

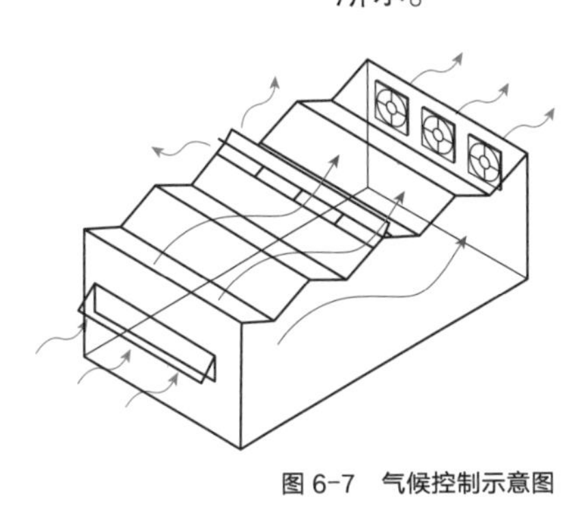

图 6-7　气候控制示意图

这座建筑同时利用了太阳能和 LED 照明的余热。从太阳中被动捕获的热量被高效转化为供暖能源，而 LED 照明过程中产生的余热也被充分回收利用，进一步提升了能源利用效率，实现了能源的可持续利用。

北京垂直农场以其卓越的水资源管理和能源利用技术，不仅满足了人们对绿色健康食品的需求，更为城市的可持续发展贡献了一份力量。它是一座融合了创新、环保与可持续性的现代化建筑，展示了未来都市农业和绿色建筑的美好蓝图。

6.1.3 宜兴城市污水资源概念厂

中国城市污水处理概念厂专家委员会提出了建设面向未来的中国城市污水处理概念厂的构想。该构想的核心在于追求“水质永续、能量自给、资源循环、环境友好”四个目标，旨在打造生态友好型、资源再利用型的现代概念工厂。宜兴城市污水资源概念厂响应了该目标，成为首座落地实践的概念厂，位于江苏省宜兴市高塍镇，不仅涵盖了污水处理、污泥与有机质处理中心等核心功能区域，还融入了科学管理中心与实验线中试区等重要组成部分，如图 6-8 所示。

图 6-8　宜兴城市污水资源概念厂鸟瞰图
（图片来源：清华大学建筑设计研究院、素朴建筑工作室提供）

在厂区规划方面，概念厂注重四大核心要点。首先，高效布局集约用地，通过科学合理的规划，最大限度地提高土地利用率，实现空间资源的最优配置。其次，变传统治废为资源循环工厂，将原本被视为废物的污水和污泥转化为有价值的资源，实现资源的循环利用，为可持续发展贡献力量。此外，景观建筑一体化设计也是厂区规划的一大亮点。通过巧妙地将景观设计与建筑设计相结合，不仅提升了厂区的整体美观度，还增强了其与周围环境的融合度，使厂区成为城市中一道亮丽的风景线。最后，“环境、社会、人文”全方位的可持续是概念厂规划的根本宗旨。在追求经济效益的同时，概念厂更注重环境保护、社会责任和人文关怀，致力于打造一个既符合自然规律又满足社会需求的可持续发展典范。整体建筑布局独具匠心，巧妙地将水区、泥区和研发办公区划分为三个独立而又相互联系的组团。每个组团拥

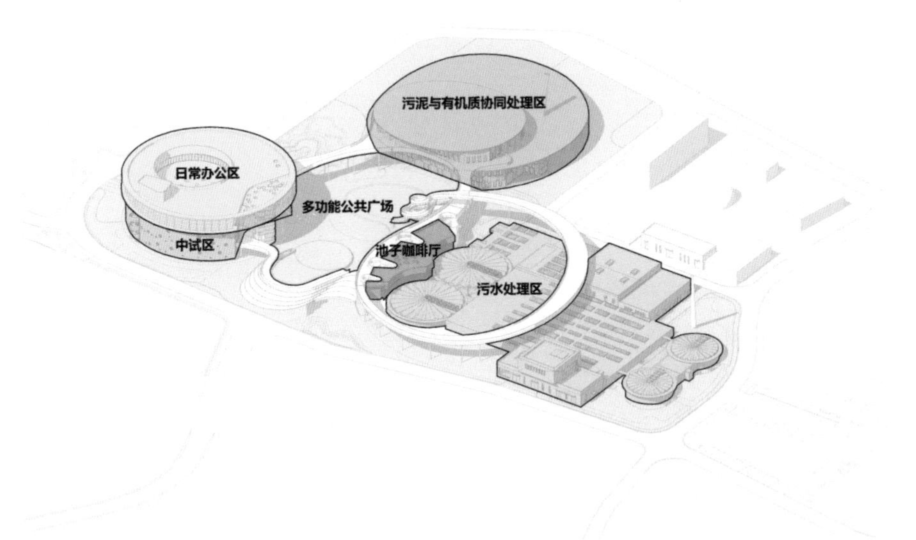

图 6-9 宜兴城市污水资源概念厂建筑布局
（图片来源：清华大学建筑设计研究院、素朴建筑工作室提供）

有独立的出入口和前场空间，形成了既独立又统一的整体格局。环绕中部共享的水务花园景观的参观连桥，不仅为游客提供了从更立体角度了解污水资源工厂的绝佳视角，还巧妙地将三个组团分隔开，有效避免了相互之间的干扰。这种设计既保证了各个功能区的独立性，又实现了建筑景观的和谐统一，如图 6-9 所示。

水区部分的池子咖啡厅和中控展示厅设计尤为出色，它们与构筑物紧密咬合，形成了建筑、景观、室内、照明一体化的设计处理。咖啡厅室内无柱的整体空间，不仅美观大方，而且功能多样，可满足不同时段的多种使用需求，如科普课堂、学术论坛、冷餐会等。

立体参观动线的设置更是别出心裁，它从广场草坡起始，经过广场水池双螺旋坡道，最终将办公研发区、污水处理区、有机质处理区这三大功能板块环绕成一片抽象的“三叶草”。这种设计不仅使得公众参观区域与厂区日常运行和维护区域的界面得以立体分流，保证了厂区的安全生产与正常运营，同时也让公众能够近距离参观了解各类处理工艺，增强了公众与工厂之间的互动，如图 6-10 所示。

概念厂还注重城市生活污水的循环利用。经过一系列水处理工艺净化后的水，可作为周边农田鱼塘的生态补给，实现水资源在生态环境中的循环。同时，净化过程中分离出的磷和污泥等有机废物也被有效利用，通过特殊处理工艺产生沼气和有机物料，沼气用于发电供给厂区能源，有机物料则成为

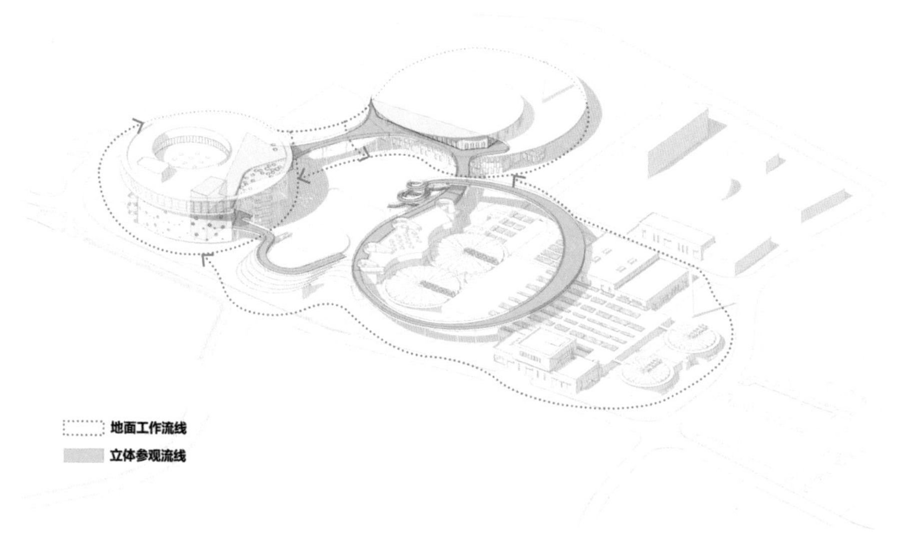

图 6-10 宜兴城市污水资源概念厂立体参观动线
（图片来源：清华大学建筑设计研究院、素朴建筑工作室提供）

营养土，实现了城乡物资的良性循环。

宜兴城市污水资源概念厂以其独特的建筑布局、一体化的设计处理、立体的参观动线以及高效的资源循环利用方式，展现了现代污水处理厂的先进性和可持续性，为未来的城市基础设施建设树立了典范。

6.2.1 Mayoral 新仓库物流中心

Mayoral 新仓库物流中心位于西班牙马拉加因特尔霍尔塞的马约拉尔园区之中，与一个受保护仓库紧紧相邻。其独特的地理位置和重要性，使得整个项目在设计之初便承载了深厚的文化与历史底蕴。

项目的构思核心聚焦于现有仓库周边建筑群的城市规划脉络，致力于打造一座既能体现现代建筑艺术，又能与周围环境和谐共生的新建筑。在设计过程中，充分考虑了新建筑与现有建筑之间的关系，力求在形态、色彩、材质等方面实现完美的融合。

在外观设计上，项目颠覆了传统矩形棱柱的建筑设计，赋予外立面以优雅的弧形线条，使之与现有建筑保持适当的距离，从而巧妙地化解建筑之间因巨大高度差带来的视觉冲突。同时，项目致力于探索一种独特的围护结构，使之以织物的语言与原有仓库进行深度的对话，深入挖掘织物透明与不透明性的艺术概念，如图 6-11 所示。

外墙采用双层结构，内层是半透明的聚碳酸酯，既隔热又防水；外层则是微穿孔的锌板，允许自然光线穿透，同时保护内层材料免受阳光直射，从而提高外墙的保温性能，如图 6-12 所示。这样的设计使得建筑内部空间在四个立面的整个高度上都能得到自然光的照射，极大地减少了人工照明的需求，并有效地调节了建筑的能耗。

从技术层面来看，项目以预制和节能为两大基石。整个项目呈现出高度的预制化和模块化特色，除地基和一些辅助性部件外，几乎所有的建筑元

图 6-11　Mayoral 新仓库物流中心

图 6-12　Mayoral 新仓库物流中心外墙

图 6-13　Mayoral 新仓库物流中心三角管状钢结构

素都是在车间中预制完成，如三角管状钢结构、大跨度横梁、大尺度螺旋楼梯、折叠锌板外墙、内部的聚碳酸酯表皮，随后在现场进行精确地组装，如图 6-13 所示。

6.2.2　Sanand 工厂

Sanand 工厂位于印度古吉拉特邦的萨南德，坐落于一片占地 25 英亩的场地之上，此地曾是湖床，如今经过精心改造，成为一片充满生机的工业开发区。

厂区被划分为三个区域：生产流水线区、员工休闲区和访客区。整个方案由四栋建筑组成：主要生产设施、公用设施区、食堂、娱乐中心和接待楼。这些建筑之间通过一条遮蔽的人行道相连，人行道上覆盖着白色的、起伏的风筝状织物雨篷，既为行人遮风挡雨，又作为引导工具，指引人们穿梭于厂区之中，如图 6-14 所示。

图 6-14　Sanand 工厂鸟瞰图

建筑以简洁明了的设计语言为特点，建筑表面装饰采用白色调，营造出一种轻松愉悦的氛围。灰色石材覆层则使建筑与周围环境和谐相融。屋面的设计不仅是对早期工业建筑的致敬，更能让自然光充分渗透到工作区，同时为太阳能电池板提供了安装空间，如图 6-15 所示。此外，建筑还采用了高效热围护结构，具有优异的隔热性能，结合集成的地板冷却系统，共同为整个厂区打造一个舒适宜人的工作环境。

入口大楼与生产设施紧密相连，其设计独具匠心，以一个倾斜的开放式顶棚为特色，不仅热情地欢迎每一位访客，更巧妙地将内部空间划分为会议室、培训室、更衣室以及医疗中心，如图 6-16 所示。

图 6-15　Sanand 工厂厂区内部

图 6-16　倾斜开放式顶棚

食堂与娱乐中心坐落于整个项目的核心地带，其设计既与生产和公用设施建筑简洁的白色外观相呼应，又巧妙地融入了趣味性元素。裸露的混凝土与特色的耐候钢入口遮篷形成鲜明对比，巧妙地将休闲区域与周边的工作区域区分开来。建筑内部设施完备，设有健身房、娱乐区、食堂以及厨房。该建筑还具有独特的热堆栈效应，宽大的悬臂为建筑提供了天然的遮阳屏障。空气通过高效的水源冷却系统进行循环，保证了室内温度的宜人。

鉴于地块潜在的洪水风险，项目规划了一个季节性湖泊。在季风时期，湖泊面积可从一英亩扩展至三英亩，确保雨水能够百分之百地汇集于湖泊并长时间储存。湖泊周围设有地下水补给井，实现了水资源的自然过滤与回补。此外，为了加强员工与自然的联系，进出厂区的道路两旁精心种植了新树，为员工们营造了一个宁静、宜人的工作与回家之路。同时，工地上现有的树木得到了妥善保留，它们不仅为织布鸟提供了理想的栖息地，还展现了公司对生态保护的坚定承诺。

6.2.3 Karupannya Rangpur 绿地工厂

Karupannya Rangpur 绿地工厂位于孟加拉国的朗布尔市。这座工厂不仅是一个工作场所，更成为员工们在周末休闲和娱乐的绝佳去处，彻底颠覆了传统工业厂区单一功能的刻板印象，如图 6-17 所示。

图 6-17 Karupannya Rangpur 绿地工厂

该工厂在设计上充分考虑了节能和气候适应性，节能、节水、优化利用日光、种植和生态系统保护等可持续设计元素贯穿始终。南、北和东立面保持开放，以促进空气流通，维持自然舒适的工作气候。南侧正面设有深达四尺的洞口和游廊，覆盖着茂盛的植物，不仅增添了绿意，也为室内空间带来了自然气息。北风经过植物和水库后，通过四个圆形中庭进入建筑，使得室内温度比外部空间低。整个建筑群无需依赖空调，电风扇的使用也极为有限。柔和的自然光透过立面植物和多个中庭洒入室内，营造出宜人的光环境。精心设计的垂直花园减少了太阳能热量的吸收，并有助于改善空气质量。同时，植物的选择也充分考虑了季风气候的特点，以支持生态系统的平衡。

这座厂房的设计建立了人与自然之间的紧密联系，并支持建筑周边的生态系统发展。建筑融入了乡村环境的原型元素，如庭院、花园、水池等，同时保留了乡村的宁静氛围，如图 6-18 所示。外立面采用混凝土浇筑，点缀着郁郁葱葱的绿植，内墙则使用当地生产的裸露砖和混凝土制成。陈列室的产品展示区和零售区墙面装饰着泥塑和环境照明，营造出独特的艺术氛围。整个场地上散落着数以千计的大小雕塑，为美丽环保的工作场所增添了一抹文化气息。

在气候适应性方面，建筑入口的南侧设有四个巨型水池。自然气流经过水池上方时，通过蒸发冷却作用使空气温度自然降低。从建筑的外层到深处，冷空气通过中庭逐渐排出至屋顶。同时，水在与空气接触时通过氧化作用产生自然离子化，无需依赖化学水处理厂即可随时使用。用过的水经过污水处理区处理后得以再次利用。在季风期间，这些水池还发挥着收集雨水的作用，提高了水资源的利用率。如图 6-19 所示。

建筑巧妙地将工作空间与休闲娱乐融为一体，为工人们营造出一个既能辛勤劳作，又能放松身心的理想场所。工厂内的垂直绿色茎秆轻盈地悬挂于水体之上，与水面轻轻接触，仿佛再现了孟加拉国农村池塘的宁静与美好，让人心生向往，使工人们能够感受到家的温暖与舒适，全身心地投入到工作中，创造出更多的价值。

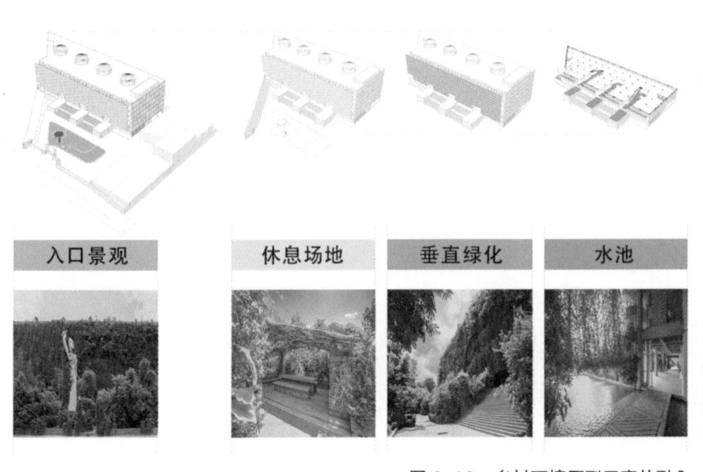

图 6-18　乡村环境原型元素的融入

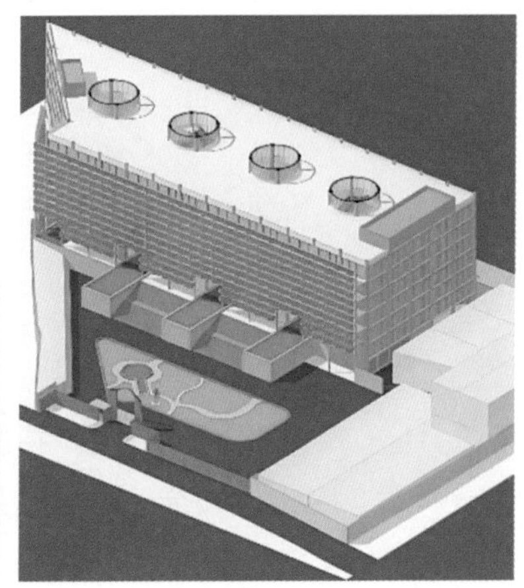

图 6-19　建筑南面四个水池

参考文献

[1] 王怡 . 工业建筑节能 [M]. 北京：中国建筑工业出版社，2018.

[2] ZHAO W X，LI H X，WANG S. A generic design optimization framework for semiconductor cleanroom air-conditioning systems integrating heat recovery and free cooling for enhanced energy performance[J]. Energy，2024，286：129600.

[3] 张宁，杨涛 . 地板辐射供冷技术的应用分析 [J]. 应用能源技术，2008（10）：27-30.

[4] 季杰 . 太阳能光伏光热综合利用研究 [M]. 北京：科学出版社，2017.

[5] DU S，XU Z Y，WANG R，et al. Development of direct seawater-cooled LiBr-H_2O absorption chiller and its application in industrial waste heat utilization[J]. Energy，2024，294.

[6] RAHIMI B，MARVI Z，ALAMOLHODA A A，et al. An industrial application of low-grade sensible waste heat driven seawater desalination：a case study[J]. Desalination，2019，470.

[7] MARTÍNEZ-RODRÍGUEZ G，BALTAZAR J C，FVENTES-SILVA A L，et al. Heat and electric power production using heat pumps assisted with solar thermal energy for industrial applications[J]. Energy，2023，282.

[8] 肖瑶，钮文泽，魏高升，等 . 太阳能光伏 / 光热技术研究现状与发展趋势综述 [J]. 发电技术，2022，43（3）：392-404.

[9] 王俊，曹建军，张利勇，等 . 基于分布式能源系统的蓄冷蓄热技术应用现状 [J]. 储能科学与技术，2020，9（6）：1847-1857.

[10] 宋鹏翔，丁玉龙 . 化学热泵系统在储热技术中的理论与应用 [J]. 储能科学与技术，2014，3（3）：227-235.

[11] 闫霆，王文欢，王程遥 . 化学储热技术的研究现状及进展 [J]. 储能科学与技术，2018，37（12）：69-78.

[12] AYDIN D，CASEY S P，RIFFAT S. The latest advancements on thermochemical heat storage systems[J]. Renewable and sustainable energy reviews，2015，41：356-367.

[13] 凌浩恕，何京东，徐玉杰，等 . 清洁供暖储热技术现状与趋势 [J]. 储能科学与技术，2020，9（3）：861-868.

[14] CHEN X Y，ZHANG Z，QI C，et al. State of the art on the high-temperature thermochemical energy storage systems[J]. Energy conversion and management，2018，177：792-815.

[15] MEN Y Y，LIU X H，ZHANG T. A review of boiler waste heat recovery technologies in the medium-low temperature range[J]. Energy，2021，237.

[16] 陈玉和 . 储能技术发展概况研究 [J]. 能源研究与信息，2012，28（3）：147-152.

[17] ZHANG X L，ZHANG T，MA L，et al. Cogeneration compressed air energy storage system for industrial steam supply[J]. Energy conversion and management，2024，235.

[18] TANG H Y，LIU M，ZHANG K，et al. Performance evaluation and operation optimization of a combined heat and power plant integrated with molten salt heat storage system[J]. Applied thermal engineering，2024，245.

[19] YANG S，SHAO X F，LUO J H，et al. A novel cascade latent heat thermal energy storage system consisting of erythritol and paraffin wax for deep recovery of medium-temperature industrial waste heat[J]. Energy，2023，265.

[20] LI J X，FAN X Y，LI Y，et al. A novel system of liquid air energy storage with LNG cold energy and industrial waste heat：thermodynamic and economic analysis[J]. Journal of energy storage，2024，86.

[21] 江亿 . 建筑运行用能低碳转型导论 [M]. 北京：中国科学技术出版社，2023.

[22] 林立身 . 中国建筑节能技术辨析 [M]. 北京：中国建筑工业出版社，2016.

[23] 刘科，冷嘉伟．大型公共空间建筑的低碳设计原理与方法 [M]. 北京：中国建筑工业出版社，2022.
[24] 陈易．低碳建筑 [M]. 上海：同济大学出版社，2015.
[25] 刘建文．工业园区规划 [M]. 北京：中国建筑工业出版社，2018.
[26] 胡文斌．教育绿色建筑及工业建筑节能 [M]. 昆明：云南大学出版社，2020.
[27] 刘抚英．绿色建筑设计策略 [M]. 北京：中国建筑工业出版社，2013.
[28] 杨丽．绿色建筑设计：建筑节能 [M]. 上海：同济大学出版社，2016.
[29] 冉茂宇，刘煜．生态建筑 [M]. 武汉：华中科技大学出版社，2008.
[30] 朱国庆．生态理念下的建筑设计创新策略 [M]. 北京：中国水利水电出版社，2017.
[31] 陈竹，陈日飙，林毅．现代产业园规划及建筑设计 [M]. 北京：中国建筑工业出版社，2022.
[32] 范渊源，董林林，户晶荣．现代建筑绿色低碳研究 [M]. 长春：吉林科学技术出版社，2022.
[33] 中国建筑学会．建筑设计资料集（第7分册）：交通、物流、工业、市政（第3版）[M]. 北京：中国建筑工业出版社，2017.